■ 普通高等教育"十四五"规划教材
■ 高等院校特色专业建设教材

粮油加工实验指导

LIANGYOU JIAGONG SHIYAN ZHIDAO

高海燕　曾洁　主编

U0248762

化学工业出版社
·北京·

本书主要介绍了谷物加工实验、粮食食品加工实验、淀粉生产与转化实验、植物油脂提取与加工实验。同时还介绍了实验要求和基本实验技术等内容。这些实验内容都是精选的典型实验，对于巩固和深入理解教材的内容，深化对基本理论知识的理解，切实提高分析问题和解决问题的能力，都是十分有益的。

　　本书可以作为大中专院校食品相关专业粮油加工相关课程的实验教材，也可以作为粮油食品领域技术人员的参考用书。

图书在版编目（CIP）数据

粮油加工实验指导/高海燕，曾洁主编. —北京：化学工业出版社，2020.3

ISBN 978-7-122-36443-2

Ⅰ.①粮…　Ⅱ.①高…　②曾…　Ⅲ.①粮食加工-实验技术-高等学校-教材②油料加工-实验技术-高等学校-教材

Ⅳ.①TS210.4-33②TS224-33

中国版本图书馆 CIP 数据核字（2020）第 039369 号

责任编辑：彭爱铭　　　　　　　　　　装帧设计：韩　飞
责任校对：宋　夏

出版发行：化学工业出版社(北京市东城区青年湖南街 13 号　邮政编码 100011)
印　　装：三河市延风印装有限公司
710mm×1000mm　1/16　印张 12　字数 225 千字　2020 年 7 月北京第 1 版第 1 次印刷

购书咨询：010-64518888　　　　　　　售后服务：010-64518899
网　　址：http://www.cip.com.cn

凡购买本书，如有缺损质量问题，本社销售中心负责调换。

定　　价：39.00 元　　　　　　　　　　　　　　　版权所有　违者必究

编写人员名单

主　　编　高海燕　河南科技学院
　　　　　曾　洁　河南科技学院
副主编　张　振　锦州医科大学
　　　　　于小磊　锦州医科大学
　　　　　金　萍　锦州医科大学
　　　　　郑煜焱　沈阳农业大学
参　　编　吴宪玲　齐齐哈尔工程学院
　　　　　苏同超　河南科技学院
　　　　　娄文娟　河南科技学院
　　　　　杨　强　沈阳农业大学
　　　　　赵秀红　沈阳师范大学
　　　　　田金河　新　乡　学　院
　　　　　李　飞　信阳农林学院
　　　　　陈梦雪　信阳职业技术学院
　　　　　赵竟翔　新乡职业技术学院
　　　　　王　莹　漯河食品职业学院

前　言

　　粮油加工实验是食品科学与工程专业、烹饪专业及其他食品类相关专业的主要专业实验课程，也是一门理论与实践性都很强的课程。实验作为课程学习的重要环节，在专业课教学中越来越得到重视。

　　本实验教材是根据各个学校实验实际情况进行精选和汇编而成，共包括五章内容：第一章概述部分主要介绍粮油加工实验的操作环境和安全、实验目的和内容、实验要求等，为进一步顺利完成粮油加工实验打好基础。其他四章根据各个高校的实践教学大纲精选了典型的谷物加工实验、粮食食品加工实验、淀粉生产与转化实验、植物油脂提取与加工实验。本书尽量结合当前生产和科研工作的需要，侧重了应用性、综合性和前沿性的内容，注重学生动手能力、思维能力和创造能力的培养，符合培养既有扎实基础知识又有创新思维能力的教改方向，有利于增强学生独立工作、解决问题的能力，对提高课程教学质量和教学实验水平很有益处。

　　本教材由高海燕和曾洁主编，参加本教材编写人员都是有多年从事粮油方面教学和科研工作经验的教师。本教材精选了各个高校的相关讲义。参加编写的人员分工如下：高海燕主要负责第一章的部分编写工作，并负责设计和统稿工作；曾洁主要负责第二章的部分编写工作；张振主要负责第三章的部分编写工作；于小磊主要负责第四章和第一章的部分编写工作；金萍主要负责第五章和第二章的部分编写工作；吴宪玲参与了第一章和第二章的部分编写工作，苏同超、王莹、郑煜焱、杨强、赵秀红参与了第三章的部分编写工作；田金河、赵竟翔参与了第四章的部分编写工作；李飞、陈梦雪、娄文娟参与了第五章的部分编写工作。在编写过程中，汇编了相关文献，得到了化学工业出版社的大力帮助和支持，在此一并表示衷心的感谢。

本书不仅适合普通高等院校、高职高专使用，而且也适合中等职业技术学校以及企事业单位技术人员学习参考使用。

由于时间仓促，编者水平所限，书中可能有一些不足之处，欢迎广大读者批评指正。

编　者

2020 年 1 月

目　录

第一章

概　述

第一节　粮油加工实验的特点和目的

一、粮油加工实验的特点

粮油加工实验属于工程实验范畴，它不同于基础课程的实验。后者面对的是基础科学，处理的对象通常是简单的、基本的甚至是理想的，而加工实验面对的是复杂的实际问题和工程问题。对象不同，实验研究方法也必然不同，加工实验涉及的物料千变万化、设备大小悬殊。因此不能把处理一般实验的方法简单地套用于粮油加工实验。

二、粮油加工实验的目的

培养学生从事实验研究的初步能力。我们从科学实验中体会到从事实验研究应具有这样一些能力：

① 对实验现象有敏锐的观察能力。

② 运用各种实验手段正确地获取实验数据和实验现象，实事求是地得出结论，并能提出自己见解的能力。

③ 对所研究的问题具有旺盛的探索和创造力。

初步掌握一些有关粮油加工学的实验研究方法和粮油食品加工技术。为此，实验中也应力求接触一些新的技术和手段，以便能适应不断发展着的科学技术。

培养学生运用所学的理论，分析和解决问题的能力。在理论与实验相结合的过程中，必将有助于巩固和加深对某些基本原理的理解，进而在某些方面还能得到适当的充实和提高。

第二节　实验要求

一、实验须知

1. 培养良好的实验习惯

粮油加工实验侧重粮油理化检测数据及粮油食品加工工艺，要求实验者具有良好的实验习惯和操作技能。

（1）预习　进入实验室或实训室前应认真阅读实验实训指导书和有关参考资料，了解实验目的和要求并预习实验内容，掌握实验的原理和方法。

（2）进行现场预习　了解实验装置，摸清实验流程、测试点、操作控制点，此外还须了解所使用的仪器和设备。

（3）严格规范的实验操作　要求认真细致地记录实验原始数据。操作中应能进行理论联系实际的思考。严格规范的实验操作并不会抑制学生的创造能力，学生可在实验方案上进行创新，但必须按照实验条件进行（可以微调），基本实验操作必须按照规范执行，这样才能保证完成实验实训，保证数据的可靠性。

（4）对实验过程的仔细观察　课程实验不可能大量重复，因此实验结果并不重要，关键是观察实验过程各个因素对实验结果的影响。评估自己实验技能不足并能提出改进，是对这些方法和原理的灵活应用。

（5）全面严谨的实验记录　在实验报告上，要反映实验条件、实验原料、实验原始数据记录、实验中间现象。

（6）保持实验场所的整洁卫生　学生养成保持实验室、实验台面整洁卫生的实验习惯，仪器试剂摆放有序，使用得心应手，可使实验内容一目了然，不易出错。实验结束打扫卫生。

2. 发扬团队合作精神，培养科学实验态度

粮油加工实验以个人动手为主，但也涉及共用仪器设备，因为许多实验与时间因素有关，这就需要团队合作完成。

进行粮油加工实验或进行任何其他的科学实验，实验人员首先要具有一种最基本的态度——实事求是的态度。"实事求是"就是要把实验中所观测到的现象、数据、规律忠实地记录下来，把它们当作第一手的材料来对待。科学推理要以实验观测为依据，数学理论要用实验观测来检验，因此记录下来的应该是实验观测到的情况而不能在任何理由下加以编造、修改或歪曲。例如某个参数根据理论计算值应该是100，而在实验中测到只是20那该怎么办呢？当然那还是把20的值记录下来，然后再去找原因，而不能用任何其他数字来搪塞。

实验中直接观察到的现象和数字可能不够准确，也可能有错误，但是某次实

验是不是可靠只能用反复多次的实验来核对，不能因"与书本上已有的陈述不符"或"与依据某种理论计算结果不符"就来修改记录或取消某次记录，对待实验观测必须严肃认真，决不能随便记录某个数字，也不能随便更改某个数字。

只有具备了这种最基本的态度，才可能为自己为别人提供有意义的材料，才可能充分理解食品工程实验实训的实验守则，才能理解为什么要对实验工作提出如下的多项要求，才能积极主动地根据这些要求来工作，并使自己受到正确的训练，使自己不断提高科学实验能力。

二、实验室安全

粮油加工实验室是粮油加工课程教学中实践教学的重要场所。实验室安全是非常重要的。

1. 实验室的分布

按照教学需要和学生人数、学校条件的具体要求，配备专职实验人员负责实验室的日常管理。粮油加工实验与实训室分为理化分析室、精密仪器室、加工实训室、药品室、预备室。

（1）理化分析室　应具备良好的采光、通风条件，上下水通畅，电路齐全、安全，具有能容纳 30 人左右同时进行实验的场地面积。内放实验台桌（可单边或双边放置），每个学生拥有实验台桌的宽度不小于 600mm,长度不小于 1000mm，两实验台桌之间的距离不小于 1300mm。每个学生有一套独立的实验基本仪器。应具备充足的洗涤池和水龙头，每个实验室配置 1~2 个洗眼器。另有公共场地放置烘箱、冰箱等公共仪器。并具有通风橱、排气扇、各种电源插座、灭火器。

（2）精密仪器室　要求具有防震、防潮、防尘、防腐蚀、防燃爆特点。温度应保持在 15~30℃，湿度在 65%~75%。仪器台要稳固防震。仪器室具有独立的稳压电源。

（3）加工实训室　加工实训室是制作粮油食品的实验场所，应具有独立的稳压电源。要注意实验室的环境卫生。

（4）药品室　药品室应具备良好的自然通风条件，干燥，光线不直接入射，温度应保持在 15~30℃。

（5）预备室　预备室是试剂配制的场所。

2. 实验室的安全

实验室危险包括化学有毒气体、燃爆危险、机械伤害，以及电、水和其他放射性、微波、电磁辐射泄露导致的危害。理化检测时可能会使用有毒、有腐蚀性、甚至是易燃易爆的化学试剂，此外，实验实训过程中会接触到许多仪器设备，实验中经常进行加热、灼烧等明火或高温操作，还常常用到多种电器或电气设备，检验人员如果操作不当或粗心大意，很容易发生火灾、触电、外伤、中毒等危险事故，因此在使用时要注意人身安全。

为保证实验室的安全和人员健康，必需遵守以下实验室安全守则。

① 进入实验室的所有人员必须有高度的安全意识，严格遵守实验室规章制度和操作规程。进入实验室要穿工作防护服，实验结束认真洗手、洗脸。要学习防护知识，发生意外必须立即报告老师，及时处理。

② 了解各种试剂的性质，注意试剂的安全使用。有毒试剂应用专门的容器专门储放，有腐蚀性试剂的标签要注明，易燃易爆试剂要防止明火。取用和使用有毒、腐蚀性、刺激性药品时，尽可能戴橡皮手套和防护眼镜。瓶口不直接对人。小心轻放，保证不泄出污染，防止意外事故发生。

③ 实验室人员必须熟悉仪器设备的性能和使用方法，按规定进行操作。有残余有机溶剂的容器，不能立即放入烘箱，必须水浴蒸干。

④ 进行危险性实验，实验人员必须预先检查防护措施。实验过程中操作人员不得擅自离开，实验完成后立即做好清理工作，并做好记录。

⑤ 实验室配备消防器材，实验室人员必须掌握有关灭火知识和消防器材的使用方法。

⑥ 注意废旧试剂的回收和环保问题。

⑦ 在实验工作中，操作员应逐步培养遇到危险事故的应急处置能力。

三、实验报告要求、格式及实验数据处理、表达

1. 实验报告要求、格式

一份好的实验报告，必须写得简单明白、一目了然，数据完整，交代清楚，结论明确，有讨论，有分析，得出的公式或线图有明确的使用条件，一般应包括下列各项：

报告的题目；实验目的和原理；实验装置；实验数据及数据处理；实验结果及讨论。

通过实验和实训，能够提出一个有实用意义或参考意义的实验报告。因此，在实验报告中能够把实验的任务、实验观测的结果用表、图、公式、文字描述和讨论简练明确地表达出来，使阅读者一目了然，除此以外还必须做到以下两点：

① 数据是可靠的。要求实验人员对实验方案要认真考虑，要认真做实验，认真记录数据。

② 实验记录要有校核的可能，因此要清楚说明实验的时间、地点、条件和同时做实验的人员。

2. 从事实验的具体要求

为了保证能做出合格的报告，对实验过程中各个步骤、各个问题提出如下的说明和具体要求。

（1）怎样准备实验

① 认真阅读实验指导书，弄清本实验的目的与要求。

② 到现场观看设备流程、主要设备的构造、仪表种类、安装位置，审查这种设备是否合适，了解它们的启动和使用方法。

③ 根据实验任务及现场设备情况，最后确定应该测取的数据。

④ 拟定实验方案，决定先做什么，后做什么，操作条件如何?设备启动程序怎样？如何调整？

（2）怎样组织实验　本课程的实验一般都是几人合作的，因此实验时必须做好组织工作，使得既有分工，又有合作，既能保证实验质量，又能获得全面训练。每个实验小组要有一个组长，组长负责实验方案的执行、联络和指挥，必要时还应兼任其他工作，实验方案应该在组内讨论，使得人人知晓，每个组员都应各有专责（包括操作、读取数据及现象观察等），而且要在适当时间进行轮换。

（3）实验应测取哪些数据

① 凡是影响实验结果或者数据整理过程中所必需的数据都必须测取。

② 凡可以根据某一数据导出或从手册中查出的其他数据，就不必直接测定，例如水的黏度、密度等物理性质，一般只要测出水温后即可查出。

（4）怎样读取数据，做好记录

① 事先必须拟好记录表格，在表格中应记下各项物理量的名称、表示符号和单位。每个学生都应该有一个实验记录本，不应随便拿一张纸就记录，要保证数据完整、条理清楚而避免张冠李戴的错误。

② 实验时一定要在现象稳定后才开始读数据，条件改变后，要稍等待一会儿才能读取数据，不要条件一改变就测数据，引用这种数据做报告，结论是不可靠的。

③ 每个数据记录后，应立即复核，以免发生读错或写错数字等事故。

④ 数据记录必须真实地反映仪表的精确度，一般要记录至仪表上最小分度以下一位数。例如温度计的最小分度为 1℃，如果当时温度读数为 24.6℃，这时就不能记 25℃，如果刚好是 25℃ 整，则应该为 25.0℃。

⑤ 实验中如果出现不正常情况，以及数据有明显误差时，应在备注栏中加以注明。

（5）实验过程要注意什么

① 从事操作者，必须密切注意仪表指示值的变动，随时调节，务使整个操作过程都在规定条件下进行，尽量减少实验操作条件和规定操作条件之间的差距。操作人员不要擅离岗位。

② 读取数据后，应立即和前次数据相比较，也要和其他有关数据相对照，分析相互关系是否合理。如果发现不合理的情况，应该立即同小组同学研究原因，

是自己认识错误还是测定的数据问题，以便及时发现问题、解决问题。

③ 实验过程中还应注意观察出现的现象，特别是发现某些不正常现象时更应抓紧时机，研究产生不正常现象的原因。

（6）怎样整理实验数据

① 同一条件下，如有几次比较稳定但稍有波动的数据，应先取其平均值，然后加以整理。

② 数据整理时应根据有效数字的运算规则，舍弃一些没有意义的数字。

③ 数据整理时，如果过程比较复杂，实验数据又多，一般以采用列表整理法为宜，同时应将同一项目一次整理。这种整理方法不仅过程明显，而且节省时间。

④ 要求以一次数据例子，把各项计算过程列出，以便检查。

3．实验数据处理

（1）实验数据测量及其误差　　在粮油食品加工实验中，用各种测试仪器测量基本物理量，由于测量仪器、测量方法、人的观察力等原因，使测量值与其真值之间总会存在一定差别。测量值也不可能完全一致。

在测量中所测得的数值重现性的大小，称为精确度。测量值与真值之间的符合程度，称为准确度。

在科学实验中，设在测量次数无限多情况下，在无系统误差情况下，将测量值加以平均可以获得非常接近于真值的数据。但是在我们实验测量中次数是有限的，用有限测量值求得的平均值只能是近似真值。在食品工程原理实验中，常用的平均值有下列几种：

① 算术平均值　　设 X_1，X_2，……，X_n 为各次测量值，n 代表测量次数，则算术平均值为：

$$X=(X_1+X_2+\cdots\cdots+X_n)/n=\sum X_i/n \tag{1}$$

② 几何平均值　　几何平均值是将一组 n 个测量值连乘并开 n 次方求得。即

$$X=(X_1\times X_2\times\cdots\cdots\times X_n)^{1/n} \tag{2}$$

③ 均方根平均值　　均方根平均值按下式计算：

$$X^2=(X_1^2+X_2^2+\cdots\cdots+X_n^2)/n$$

$$X=(\sum X_i^2/n)^{1/2} \tag{3}$$

在任何一种测量中，无论所用仪器多么精密、测量方法和操作多么完善，所得结果总不能完全一致，而存在一定误差，粗略地说，测量值与真值之差，或者测量值与规定的标准之差称为误差。根据误差的性质和产生的原因，误差一般分为系统误差和偶然误差。在食品工程的基础实验中，常用的误差表示法有

下列两种：

① 算术平均误差　算术平均误差是表示误差较好的方法，其表示式为：

$$\delta = \sum d_i / n \tag{4}$$

式中，n 为测量次数；d_i 为第 i 次测量的误差。

② 均方根误差　均方根误差也称为标准误差。其表示式为：

$$\sigma = (\sum d_i^2 / n)^{1/2} \tag{5}$$

式中，d_i 为第 i 次测量的误差。

（2）实验数据的记数法及有效数字　实验直接测量或计算结果，该用几位数字来表示是件很重要的事情。学生中往往容易产生这样两种想法。认为一个数值中小数点后面位数愈多愈准确，或者计算结果保留位数愈多愈准确，其实这两种想法都是错误的。因为其一，小数点的位置不决定准确度，而与所用单位大小有关，例如，用电位差计测热电偶的电动势记为 764.9mV 或记为 0.7649V，准确度是完全相同的；其二，测量仪器只能有一定精度（或称灵敏度）。还以上面这个例子来说，这种电位差计精度只能达到 0.1V。运算结果的准确度绝不会超过这个仪器允许的范围。

由此可见，测量值或计算结果数值用几位数字来表示，取决于测量仪器的精度，数值准确度大小，由有效数字来决定。如上面例子中，数字的精度为 0.1V，准确度为四位有效数字。

在工程中，为了清楚地表示出数值的精度与准确度，可将有 10 的整数以幂的形式来确定。这种用 10 的整数幂来记数的方法称为科学记数法。例如：0.000388 可写成 3.88×10^{-4}。科学记数法的好处是不仅便于辨认一个数值的准确度，而且便于运算。

（3）实验数据的整理

① 实验数据列成表格　将实验直接测定的一组数据，或根据测量值计算得到的一组数据，按照其自变量和应变量的原样，依一定的顺序一一对应列出数据表。例如：热电偶标定实验测得一组数据，以温度为自变量，以热电热为应变量列成数据表，这种列表法最为简便。但在实验测量中，自变量不一定按等间距有规则地分度，这会给使用带来困难，需要根据实验数据重新分度，使表中所列数据有规则地排列起来，而且希望自变量按整数作等间距顺序排列，这样会使查阅更为方便。

对如何列数据表提出以下几点注意事项。

A. 表格要有简明扼要而又符合内容的标题名称。

B. 项目应写明名称、符号及单位。

C. 数字写法应注意有效数字的位数，每列之间的小数点对齐。

D．若直接记录实验数据作表，则在实验中应注意自变量尽可能取等间距和整数。

② 实验数据整理成图形 将实验数据在图上进行标绘时，需注意下列几点。

A．对于一般采用的直角坐标，常选横轴为自变量，纵轴为应变量。在两轴侧要标明变量名称、符号和单位。

B．坐标分度的选择，要反映出实验数据的有效数字位数，即与被标数值精度一致，并要求方便易读。坐标分度值不一定从零开始，应使图形点满全幅坐标纸较为合适。

C．若在同一张坐标上，同时标绘几组测量值，则各点要用不同符号（如•，X，△等）以示区别。若 N 组不同的函数绘在一张坐标纸上，则在曲线上要标明函数关系和名称，或表明读数方向箭头。

在食品工程实验中，常遇到 $y=ax+b$ 和 $y=ax^n$ 的函数关系。前者在笛卡儿坐标上可绘成一条直线，而后者标绘在笛卡儿坐标上则为一条曲线。

如果将等式 $y=ax^n$ 的两边取对数，则可得：

$$\lg y=n\lg x+\lg a$$

此式相当于 $y=ax+b$，该式为一典型的直线方程。

若将 $Y=\lg y$ 和 $X=\lg x$ 标绘在笛卡尔坐标上，也就可以得到一条直线。

例如，有一组数据如下表 1-1 所示，现将这些实验数据按 y 对 x 和 $Y=\lg y$ 对 $X=\lg x$，分别标绘在笛卡儿坐标上，可得一条曲线和一条直线。

为了避免将每个数据都换算成对数值，可以将坐标纸上的分度直接按对数值绘制。

表 1-1 实验数据表

x（mm）	20	40	80	120	160	200
y（1/min）	5.40	7.59	1.076*10	1.301*10	1.500*10	1.673*10
$X=\lg x$	1.301	1.602	1.903	2.204	2.201	2.301
$Y=\lg y$	0.732	0.882	1.032	1.176	1.176	1.223

纵坐标和横坐标都用对数值进行绘制，称为对数坐标。对于某些函数关系，如 $y=ae^{nx}$ 只需纵坐标用对数值绘制，即半对数坐标。

对数坐标有几个特点，在应用时需特别注意：

A．标在对数坐标轴上的数值为真数。

B．坐标的原点为 $x=1$，$y=1$，而不是零。因为 $\lg 1=0$。

C．由于 0.01、0.1、1、10、100 等的对数，分别为 -2、-1、0、1、2 等，所以在坐标纸上，每次数量级的距离是相等的。

D．在对数坐标上求斜率的方法，与笛卡儿坐标上的求法有所不同。这一点需要特别注意。在笛卡儿坐标上求斜率可直接由坐标度来度量，如斜率$\triangle Y/\triangle X$；而在双对数坐标上求斜率则不能直接由坐标度来度量，因为在对数坐标上标度的数值是真数而不是对数。因此双对数坐标纸上直线的斜率需要用对数值来求算，或者直接用尺子在坐标纸上量取线段长度求取。

E．在双对数坐标上，直线与 $x=1$ 的纵轴相交处的 y 值，即为原方程 $y=ax^2$ 中的 a 值，若所标绘的直线需延长很远才能与 $x=1$ 的纵轴相交，则可求得斜率 n 之后，在直线上任取一组数据 x 和 y，代入原方程 $y=ax^n$ 中，也可求得 a 值。

第三节 基本实验技术

一、称量分析

称量分析不需任何其他基准物质，具有较高的准确度，常用于标准物含量的测定和校正其他分析结果的准确度。但其操作繁琐、分析周期长、灵敏度低，不适用于测定低含量组分。在称量分析中使被测组分与其他组分分离有多种方法，用得较多的是挥发法（也称气化法）和沉淀法，尤以沉淀法应用较广。

1．挥发法

挥发法一般是借助于加热或蒸馏等方法，使被测组分汽化而从试样中逸出，然后根据挥发去的质量来计算被测组分的含量；也可借助某种吸收剂来吸收从试样中挥发出来的气体,然后根据吸收剂增加的质量来计算试样中被测组分的含量。挥发法的基本操作技术较易掌握。

（1）试样的称取 适量地称取试样是做好称量分析非常重要的第一步。应根据天平的性能准确称量。一般理化分析要求精确至 0.0001g，应在万分之一的分析天平上称量。

（2）试样的加热和干燥 存在于物质的水分一般有两种形式，一种是吸附水，另一种是结晶水。一般情况下，当加热到100～105℃时物质即可先失去吸附水，再继续加热到某一较高温度时将失去结晶水。

试样的加热和干燥常用的设备是电热鼓风干燥箱。工作温度由高于室温10℃起，至最高工作温度止，在此范围内根据需要任意选定工作温度，并可借箱内自动控制系统使温度恒定。箱内装有电动机鼓风，促使箱内空气对流、温度均匀。箱内有一供放置试样的工作室，工作室内设有隔板，样品可置于其上进行干燥。干燥温度通常控制在 200℃以下，具体温度应根据需要来确定。试样必须反复烘干至质量恒定，即连续两次称量时质量相差不超过 0.0002g，就可以认为试样中的水分和挥发成分确实已经除尽，或者说达到了恒量。第一次烘干的时间为 2～

3h，移入干燥器冷至室温后称量；第二次可烘 45min～1h，再冷却、称量。

2．沉淀法

这种方法是使待测组分生成难溶性化合物沉淀下来，沉淀经过陈化、过滤、洗涤、干燥或灼烧后，转化为称量形式称重，最后通过化学计量关系计算得出分析结果。

（1）沉淀法对沉淀形式的要求

① 沉淀的溶解度要小，即要求沉淀反应必须定量完成，由沉淀过程及洗涤引起的沉淀溶解损失的量不超过定量分析中所允许的称量误差（0.2mg）。

② 沉淀的纯度要高，且易于过滤和洗涤。

③ 沉淀易于转化为适宜的称量形式。

（2）对称量形式的要求

① 有确定的化学组成且与化学式相符。

② 性质稳定，不受空气中组分（如 CO_2，H_2O）的影响。

③ 具有较大的摩尔质量，以减小称量的相对误差，提高分析的准确度。

另外，对沉淀剂的要求是：选择性要好，过量的沉淀剂易挥发，在沉淀干燥或灼烧时可被除去。

（3）影响沉淀纯度的因素　沉淀从溶液中析出时，或多或少地夹杂着溶液中其他组分，影响重量分析的结果，杂质混入沉淀的主要原因有共沉淀和后沉淀。

① 共沉淀　当沉淀析出时，溶液中一些在该条件下本来是可溶的杂质一起沉淀出来的现象称为共沉淀。进一步可分为吸附共沉淀、包藏共沉淀和混晶共沉淀。

吸附共沉淀是由沉淀表面的吸附作用引起的共沉淀现象。沉淀对不同杂质离子的吸附能力，主要决定于沉淀和杂质离子的性质，一般规律是：优先吸附构晶离子，若无过量的构晶离子存在时，则优先吸附可与构晶离子形成溶解度小的化合物的离子，以及与构晶离子半径相近、电荷相等的离子。

在沉淀过程中，如果沉淀的成长速度过快，开始时吸附在沉淀表面上的杂质来不及被构晶离子所置换离开沉淀表面，就会被随后沉积下来的沉淀覆盖，包藏在沉淀的内部，这种现象称为包藏共沉淀。被包藏在沉淀内部的杂质很难用洗涤的方法除去，但可以通过陈化或重结晶的方法减少杂质。

当杂质离子与一种构晶离子的电荷相同、半径相近，特别是杂质离子与另一种构晶离子可以形成与沉淀具有同种晶型的晶体时，在沉淀过程中杂质离子可代替构晶离子于晶格上，就形成混晶共沉淀。定量分析中常见的混晶共沉淀有 $BaSO_4$ 和 $PbSO_4$、CaC_2O_4 和 SrC_2O_4、$MgNH_4PO_4$ 和 $MgNH_4AsO_4$ 等。混晶一旦形成，很难用洗涤、陈化、甚至重结晶等步骤改善沉淀的纯度，因此对可能形成混晶的杂质应该在反应前予以除去。

② 后沉淀　当某一过程结束后，将沉淀与母液放置一段时间（即陈化作用），

沉淀出来的杂质会逐渐析出在沉淀的表面,这种现象称作后沉淀。

共沉淀和后沉淀都会使沉淀受到不同程度的沾污,在重量分析中它们对分析结果的影响程度与所沾污的杂质及被测组分的具体情况有关。

(4)沉淀的形成与沉淀条件

① 沉淀的类型　沉淀可按其颗粒大小分为晶形、凝乳状和无定形沉淀。晶形沉淀颗粒直径为 0.1～1mm,且内部排列有规则,结构紧密,体积小,易沉降于容器的底部,既便于过滤和洗涤,又对杂质的吸附较少。无定形沉淀颗粒很小,直径一般小于 0.02mm,其内部离子的排列是无序的,其中又包含大量数目不定的水分子,结构疏松,体积庞大,过滤时易堵塞滤纸孔隙,过滤速度慢且不易洗涤。凝乳状沉淀颗粒直径介于 0.02～0.1mm 之间,性质上也属于过渡态。$AgCl$ 就属于这一类沉淀。凝乳状和无定形沉淀也可统称为非晶形沉淀。

② 沉淀形成的一般过程　在待测定离子的溶液中加入沉淀剂有可能生成沉淀。当溶液中构晶离子的浓度的乘积超过溶度积时,就可能形成沉淀。

晶核形成过程有两种成核作用。构晶离子在过饱和溶液中聚集、自发形成晶核称均相成核作用;溶液中不可避免地混有不同数量的固体微粒(试剂、溶剂、灰尘都会引入杂质),它们的存在可起到"晶种"作用,"诱导"构晶离子在"晶种"上沉积形成晶核,这种成核作用称为异相成核作用。

晶核形成后,溶液中的构晶离子在晶核上沉积并逐渐长大成肉眼仍看不见的沉淀微粒。这种微粒有聚集长大的两种可能趋势。一种是构晶离子继续按一定的晶格定向有序地排列,成长为大颗粒晶形沉淀;另一种是沉淀微粒来不及继续定向排列就以较快速度无序聚集长大形成无定形沉淀。这两种不同趋势主要取决于成核速度、聚集速度和定向速度的相对大小。而这些因素既与沉淀物质的本性有关,更与沉淀条件有关。

一般地讲,强极性无机盐,如 $BaSO_4$、CaC_2O_4 等具有较大的定向速度,易形成晶形沉淀。而一些高价金属离子的氢氧化物和硫化物具有较小的定向速度,聚集速度大,易形成无定形沉淀。

③ 沉淀条件的选择　由于不同类型沉淀的形成过程不同,因此对晶形和非晶形沉淀应采用不同的沉淀条件。

对于晶形沉淀:沉淀作用应当在适当稀的溶液中进行,以控制较小的过饱和度;在不断搅拌下,缓缓加入沉淀剂,以避免局部过浓而产生大量的细小晶核;沉淀作用应在热溶液中进行;在热溶液中沉淀的溶解度较大,可降低过饱和度,热溶液可减少吸附作用以提高沉淀纯净度;沉淀完后进行"陈化",就是将初生的沉淀和母液一起放置一段时间,陈化过程能使细小晶体溶解,而粗大晶体更加长大。

对于非晶形沉淀:试样溶液和沉淀剂都应该较浓,加沉淀剂的速度要快,使生成的沉淀比较紧。但此时溶液中杂质的浓度也相应增大，沉淀吸附的杂质增多。因此，常在沉淀作用完毕后，立即用大量热水稀释。使一部分被吸附的杂质离子转入溶液中。沉淀作用在热溶液中进行，并加入适当电解质，以防止形成胶体溶液。电解质一般选用在高温灼烧时可挥发的铵盐。沉淀完毕后不必陈化，立即过滤、洗涤。

（5）沉淀的过滤、洗涤、烘干或灼烧　对沉淀的过滤，可按沉淀的性质选用疏密程度不同的快、中、慢速滤纸。对于需要灼烧的沉淀，常用无灰滤纸（每张滤纸灰分不大于 0.2mg）。沉淀的过滤和洗涤均采用倾模法。洗涤沉淀是为了除去吸附于沉淀表面的杂质和母液，特别要除去在烘干或灼烧时不易挥发的杂质。同时，要尽量减小因洗涤而带来的沉淀的溶解损失和避免形成胶体。经洗涤后的沉淀可采用电烘箱或红外灯干燥。有些沉淀因组成不定，烘干后不能称量，则需要用灼烧的方法将沉淀形式定量地转化为称量形式。沉淀经干燥或灼烧后，冷却、称量直至恒重。最后通过沉淀的质量，经计算得出分析结果。

3. 萃取法

利用萃取剂将被测成分从样品中萃取出来，然后将萃取剂蒸干，称量干燥萃取物，根据萃取物的质量来计算样品中被测成分的含量，这种方法称为萃取法。

例如，分析中常用索氏法测定脂肪含量，它是用乙醚萃取样品中的脂肪，并收集到一容器中，将乙醚蒸发掉后称取容器的质量（其中含脂肪），根据容器增加的质量和样品质量可算脂肪的含量。

二、滴定分析

使用滴定管将一种已知浓度的试剂溶液（即标准溶液），滴加到待测物质溶液中，直到与待测组分恰好完全反应，即加入标准溶液的物质的量与待测组分的量符合反应式的化学计量关系，然后根据标准溶液的浓度和所消耗的准确体积，计算出待测组分的含量，这一类分析方法统称为滴定分析法（旧称容量分析法）。依据不同的反应类型，滴定分析法又可分为酸碱滴定法（又称中和法）、沉淀滴定法（又称容量沉淀法）、氧化还原法和配位滴定法（又称络合滴定法）。

在滴定分析中，要用到 3 种准确测量溶液体积的仪器（称之为玻璃量器），即滴定管、移液管和容量瓶。这 3 种量器的正确使用是滴定分析中量重要的基本操作。下面介绍其分类、规格、选用和保管方法，同时介绍校准方法。

1. 玻璃量器分类、规格

（1）滴定管　滴定管是准确测量放出液体体积的量器。按其容积不同分为常量、半微量及微量滴定管。

常量滴定管中最常用的是容积为 50mL（20℃）的滴定管，其最小分度值为 0.1mL，读数可估读到 0.01mL。此外还有容积为 100mL 和 25mL 的常量滴定管，最小分度值也是 0.1mL。

容积为 10mL，最小分度值为 0.05mL 的滴定管称为半微量滴定管。

微量滴定管是测量小容积液体时用的滴定管，容积有 1～5mL 各种规格，最小分度值为 0.005mL 或 0.01mL。

滴定管按其用途分为酸式滴定管和碱式滴定管。酸式滴定管适用于装酸性和中性溶液，不适宜装碱性溶液，因为玻璃活塞易被碱性溶液腐蚀而难以转动。碱式滴定管适宜于装碱性溶液。能与乳胶管起作用的溶液（如高锰酸钾、碘、硝酸铜等溶液）不能用碱式滴定管。有些需要避光的溶液（如硝酸银、高锰酸钾溶液）应采用棕色滴定管。

滴定管用毕后，应倒去管内剩余溶液，用水洗净，装入纯水至刻度以上，用大试管套在管口上。或者洗净后倒过来（尖端向上）置于滴定管架上。

酸式滴定管长期不用时，活塞部位要垫上纸。碱性滴定管不用时胶管应拔下保存。

（2）移液管（吸管） 吸管分单标（胖肚）吸管和分度（刻度）吸管两种。用于准确移取一定体积的液体，胖肚吸管颈部刻有一环形标线，表示 20℃时移出溶液的体积。常用的胖肚吸管有 5mL、10mL、15mL、25mL、50mL 等规格。刻度吸管可以移取不同体积的液体，有容量为 0.1～10mL 各种规格。

使用刻度吸管时，应从刻度最上端开始放出所需体积。

（3）容量瓶 容量瓶又称量瓶。用于配制体积要求准确的溶液或作溶液的定量稀释。容量瓶颈上有一环形刻线，表示 20℃时瓶内的准确体积。常用的量瓶有 10mL、50mL、100mL、250mL、500mL、1000mL 等各种规格。

容量瓶长期不用时，应洗净后在塞子部位垫上纸，以防时间久了，塞子打不开。

2. 容量仪器的校正

容量仪器的容积有时与它所标明的容积并不完全相符，所以有关滴定分析的国家标准中都规定，所用滴定管、容量瓶和移液管均需定期校正。

容量仪器的校正方法：称量一定容积的水，然后根据该温度时水的密度，将水的质量换算为容积。这种方法是基于在不同的温度下水的密度都已经很准确地测定过。校正后的容积是指 20℃时该容积的真实容积。

容量仪器是在 20℃时来校准的，但使用时不一定也在 20℃。为了便于校准其他温度下所测量的体积，可根据不同温度下 1000mL 水（或稀溶液）换算到 20℃时，其体积应增减的量（ΔV/mL）来校正，见表 1-2。例如，如果在 10℃时滴定用去 25.00mL 0.1mol/L 标准溶液，在 20℃时应相当于：

$$V_{20} = 25.00 + \frac{1.45 \times 25.00}{1000} = 25.04 \text{(mL)}$$

表 1-2　不同温度下每 1000mL 水（或稀溶液）换算到 20℃时的校正值

温度 t/℃	H_2O，0.1mol/L 盐酸，0.01mol/L 溶液 $\triangle V$/mL	0.1mol/L 溶液 $\triangle V$/mL
5	+1.5	+1.7
10	+1.3	+1.45
15	+0.8	+0.9
20	+0.0	+0.0
25	−1.0	−1.1
30	−2.3	−2.5

3．酸碱滴定法

酸碱滴定法（又称中和法）是利用酸碱中和反应为基础的容量分析方法。凡酸、碱或能够与酸、碱起中和反应的物质，都可用随碱滴定法测定它们的含量。中和反应的实质是酸中的氢离子和碱中的氢氧根离子生成难电离的水分子的反应。

因此，一般强酸和弱酸（如盐酸、硫酸、醋酸等），强碱和弱碱（如氢氧化钠、氢氧化钾、氨水等），以及能直接与酸或碱起反应的弱酸强碱盐或弱碱强酸盐（如碳酸钠、硫酸铵等），都可用酸碱滴定法测定其含量。

测定酸和酸性物质时，必须用强碱作标准溶液，如氢氧化钠、氢氧化钾等；测定碱或碱性物质时，必须用强酸作标准溶液，如盐酸、硫酸等。

中和反应通常不发生任何外观的变化，因此，在滴定中必须选用适当的指示剂，借其颜色变化来确定终点（表 1-3）。

表 1-3　常用的酸碱指示剂

指示剂	变色范围 pH	酸色	碱色	pK_{HIn}
百里酚蓝	1.2～2.8	红	黄	1.7
甲基黄	2.9～4.0	红	黄	3.2
甲基橙	3.1～4.4	红	黄	3.4
溴酚蓝	3.0～4.6	黄	紫	4.1
溴甲酚绿	4.0～5.6	黄	蓝	4.9
甲基红	4.4～6.2	红	黄	5.0
溴百里酚蓝	6.2～7.6	黄	蓝	7.3
中性红	6.8～8.0	红	黄橙	7.4
百里酚蓝	8.0～9.6	黄	蓝	8.9
酚酞	8.0～10.0	无	红	9.1
百里酚酞	9.4～10.6	无	蓝	10.0

注：K_{HIn} 为指示剂常数，在一定温度下，它是个常数。

4．非水滴定法

在非水溶剂中进行的滴定分析方法称为非水滴定法。非水溶剂指的是有机溶剂与不含水的无机溶剂。非水溶剂有异味、有毒，而且价格又贵。由于许多物质在水中 K_a 或 K_b 小于 10^{-7}，不能在水中滴定；另外，许多有机物在水中基本不溶或溶解甚少，不能在水中滴定；强酸或强碱在水中全部离解为 H^+ 和 OH^-，在水中不能区分强酸或强碱，不能分别滴定。方便面、膨化食品和速冻米面质量技术指标中的酸价的测定就是非水滴定。

方便面、膨化食品和速冻米面质量技术指标中的酸价的测定原理与酸碱滴定法相同，只是被测定的样品是油脂而不溶于水。在测定其酸价时须首先将试样用乙醚-乙醇混合非水溶剂溶解，而后用氢氧化钾标准溶液非水滴定。

5．氧化还原滴定法

氧化还原滴定法是以氧化还原反应为基础的容量分析法。此法常用一些氧化剂或还原剂作标准溶液，测定某些可被它们还原或氧化的物质的含量，以及测定某些本身虽不能被氧化还原但能和氧化剂或还原剂定量地相作用的物质的含量。

氧化还原反应很多，但并不是都能用于容量分析。容量分析的氧化还原反应必须符合下列条件。

① 反应必须能实际上进行完全。

② 反应的速度必须足够快。氧化还原反应的速度一般都较慢，常用增加反应物的浓度，升高温度及添加催化剂等方法来加快反应速度。

③ 不能有副反应。氧化还原反应常有副反应发生，因此必须找到抑制副反应的方法，否则就不能应用。

氧化还原法按照氧化剂标准溶液的不同可分为高锰酸钾法、碘量法、亚硝酸钠法、溴酸钾法、铈量法、重铬酸钾法等。

碘量法是利用碘分子的氧化性或碘离子的还原性进行氧化还原滴定的容量分析方法。

碘量法通常用淀粉作指示剂。碘与淀粉在有 I^- 存在时能生成一种蓝色可溶性的吸附化合物，反应是可逆的，而且非常灵敏。直接碘量法可根据蓝色的出现确定滴定终点，间接碘量法则根据蓝色的消失确定滴定终点。但要注意，间接碘量法测定时，淀粉指示剂应在近终点时加入，否则碘和淀粉吸附太牢，终点时颜色不易褪去，致使终点出现过迟，引起误差。

淀粉溶液对碘的吸附作用随温度上升而下降，温度越高，颜色变化越不明显，且碘又具有挥发性，因此碘量法应在冷溶液中进行。

淀粉指示剂应在使用前临时配制，因为淀粉溶液能慢慢水解，不新鲜的淀粉溶液甚至不能与碘生成蓝色的吸附化合物。

第二章

谷物加工实验

第一节　谷物碳水化合物的检验

实验一　谷物膳食纤维含量测定

一、实验目的与要求

① 掌握谷物中总膳食纤维含量的测定原理及方法。

② 掌握谷物中膳食纤维的组成。

二、实验仪器、试剂及原料

1. 实验仪器

（1）烧杯　400mL 和 600mL。

（2）坩埚　具粗面烧结玻璃板，孔径 40～60μm。清洗后的坩埚在马弗炉中525℃灰化 6h，炉温降至 130℃以下取出，于重铬酸钾洗液中浸泡 2h，分别用水和蒸馏水冲洗干净，最后用 15mL 丙酮冲洗后风干。

（3）真空溶剂过滤装置　真空泵或有调节装置的抽吸器。1L 的抽滤瓶，侧壁有抽滤口，以及与抽滤瓶配套的橡胶塞，用于酶解液的抽滤。

（4）恒温振荡水浴锅　95～100℃。

（5）分析天平　感量 0.1mg。

（6）天平　感量 0.1g。

（7）马弗炉　(525±5)℃。

（8）烘箱　(103±2)℃；(130±3)℃。

（9）真空干燥箱。

（10）干燥器　带有二氧化硅或同等的干燥剂。

（11）pH 计　具有温度补偿功能，精度±0.1。

（12）凯氏定氮仪　能测定原料的氮元素含量。

（13）移液器　100μL，5mL；一次性移液器吸头。

（14）塑料刮铲　用于清理烧杯壁上黏附的膳食纤维残渣。

（15）磁力搅拌器和搅拌子　用于在烧杯中混合加入的酶制剂。

（16）25mL、50mL、500mL 量筒　用于转移溶液。

（17）移液枪　50～200μL 和 5mL。

（18）真空泵　用于溶液抽滤。

（19）带有支管的 1L 的过滤烧瓶及与烧瓶配套的塑胶管。

（20）容量瓶　100mL、1000mL、2000mL。

2．实验试剂

（1）95%乙醇。

（2）78%乙醇　将 207mL 蒸馏水加入 1L 的容量瓶中，用 95%的乙醇定容稀释至 1L，混合均匀。

（3）酶　不含丙三酮稳定剂，在 0～5℃保存。

① 耐热 α-淀粉酶，3000U/mL。

② 蛋白酶（E-BSPRT），50mg/mL，350U/mL。

③ 葡萄糖淀粉酶（E-AMGDF）。

（4）硅藻土　取 200g 硅藻土于 600mL 的盐酸中（HCl：H_2O=1：4，体积比）浸泡过夜，过滤，用蒸馏水洗至滤液为中性，置于(525±5)℃马弗炉中灼烧灰分后备用。

（5）脂肪酸甲酯磺酸钠-三羟甲基氨基甲烷（MES-Tris）缓冲液（0.05mol/L，pH8.2，24℃下保存）　将 19.52g MES（纯度>99.5%）和 14.2g Tris（纯度>99%）在 1.7L 蒸馏水中溶解，用 6.0mol/L NaOH 调节 pH 至 8.2，然后用蒸馏水定容至 2L（调节缓冲液的 pH 很重要，24℃时为 8.2，20℃时约 8.3，28℃时约 8.1。一定要根据温度调节 pH，20℃和 28℃之间的偏差，用内插法校正）。

（6）0.561mol/L HCl 溶液　在 1L 的容量瓶中，将 93.5mL 6mol/L HCl 加入约 700mL 的蒸馏水，定容至 1L。

（7）6mol/L HCl　54mL 浓 HCl 用蒸馏水定容至 100mL。

（8）石油醚　沸程 30～60℃。

（9）丙酮。

（10）氢氧化钠。

（11）5% HCl　5mL 浓 HCl 用蒸馏水定容至 100mL。

（12）5% NaOH　5g NaOH 用蒸馏水定容至 100mL。

（13）pH 缓冲液　pH4.0、pH7.0、pH10.0。

（14）2%超声波专用清洗液。

三、实验步骤

1. 坩埚的准备

① 在525℃的马弗炉中灼烧12h。

② 用真空吸尘器除去硅藻土和灼烧过的灰分。

③ 在室温下用2%超声波专用清洗液浸泡1h。

④ 用蒸馏水冲洗坩埚。

⑤ 最后用15mL的丙酮冲洗并风干。

⑥ 向干燥的坩埚中加入约1.0g的硅藻土，在130℃的恒温干燥箱中干燥（约1h）至恒重。

⑦ 在干燥器中冷却坩埚1h，记录带有硅藻土的坩埚质量 W_0。

2. 样品配制

准确称量样品(1.000±0.005)g样品（W_1）（平行实验称样量尽量相近，误差在0.0005g之内），放入置有磁力搅拌器的400mL烧杯中；加入40mL MES-Tris缓冲液（pH8.2），充分搅拌，使样品混合均匀；同时做一组空白实验，具体做法是不加样品，其他试剂均加入，操作相同。

3. 加入耐热 α-淀粉酶培养

① 加入50μL耐热 α-淀粉酶溶液，低速搅拌均匀。

② 用铝箔裹紧烧杯口。

③ 烧杯置于95～100℃振荡水浴锅中培养35min，从放入水浴锅开始计时。

4. 冷却

① 从100℃振荡水浴锅中取出所有样品烧杯，将水浴锅温度调至60℃（可以放出部分热水或者加入部分冷水）。

② 用塑料刮刀将烧杯壁及底部黏附物刮回烧杯中，并用10mL蒸馏水冲洗刮刀和烧杯壁。

5. 加入蛋白酶培养

① 每个烧杯中加入100μL蛋白酶溶液，烧杯置于磁力搅拌器上，低速搅拌均匀。

② 用铝箔裹住烧杯口。

③ 振荡水浴锅60℃培养30min（当水浴锅温度达到60℃时立即计时）。

④ 同时准备95%乙醇（按每样品225mL计算），转移至大烧杯（600mL）中，放在60℃水浴锅中恒温。

6. pH检查

① 向每个烧杯中加入 5mL 0.561mol/L HCl 溶液，同时搅拌均匀。

② 检查溶液 pH 值是否在 4.1~4.8 之间（最好接近 4.5），pH 高时用 5%HCl 调整，pH 低时用 5%NaOH 溶液调整。

7. 加入葡萄糖淀粉酶培养

① 每样品加入 200μL 葡萄糖淀粉酶溶液，烧杯置于磁力搅拌器上保持混合。

② 重新用铝箔裹住烧杯口。

③ 振荡水浴锅 60℃培养 30min（当水浴锅温度达到 60℃时立即计时）。

8. 测定

（1）总膳食纤维

① 沉淀

A. 每个烧杯加入 60℃预热过的 95%乙醇 225mL（乙醇体积为加热后体积），乙醇加入量和样品体积比为 4∶1，如果乙醇不小心温度过高，量取 228mL 常温乙醇代替。

B. 用铝箔裹住烧杯口。

C. 烧杯在室温下保持 60min，使沉淀自然形成。

② 过滤

A. 用 15mL 78%乙醇溶液润洗坩埚。

B. 坩埚固定在烧瓶上，并紧密连接在真空装置上。

C. 将烧瓶中所有物质倒入坩埚，开通减压装置（或用真空泵）进行减压过滤。

D. 用 78%乙醇将烧瓶壁上的残余物冲洗下来。

③ 用不同溶液冲洗　在减压状态下，过滤残余物用 30mL（分两次，每次 15mL）下列溶液依次进行冲洗：

A. 78%乙醇；B. 95%乙醇；C. 丙酮。

④ 坩埚干燥　将带有过滤残余物的坩埚在 103℃烘箱中隔夜烘干（12h）。

⑤ 坩埚放入干燥器中冷却 1h，准确称量坩埚及其中残余物质量（W_2），空白实验坩埚及其中残余物质量记为 W_2。

⑥ 残余物中蛋白质及灰分含量计算

A. 将两个重复样品中的一个用于蛋白质含量分析，另一个用于灰分含量测定。

B. 蛋白质含量测定参照国标，测得蛋白质质量记为 W_3（减去空白值）。

C. 灰分测定时，在 525℃马弗炉中灼烧 5h，冷却后称重计算，质量记为 W_4（减去空白值）。

（2）不溶性膳食纤维

① 过滤洗涤　试样酶解液全部转移至坩埚中过滤，残渣用 10mL70℃热蒸馏

水洗涤两次，合并过滤，转移至另一个 600mL 烧杯中（测可溶性膳食纤维），残渣分别用 15mL78%乙醇、15mL95%乙醇和 15mL 丙酮各洗涤两次，抽滤去除洗涤液，洗涤、干燥、称重，记录残渣质量。

② 残余物中蛋白质及灰分含量计算

A．将两个重复样品中的一个用于蛋白质含量分析，另一个用于灰分含量测定。

B．蛋白质含量测定参照国标，测得蛋白质质量记为 W_3（减去空白值）。

C．灰分测定时，在 525℃马弗炉中灼烧 5h，冷却后称重计算，质量记为 W_4（减去空白值）。

（3）可溶性膳食纤维

① 计算滤液体积　将不溶性膳食纤维过滤后的滤液收集到 600mL 烧杯中，通过称"烧杯+滤液"总重，扣除烧杯质量的方法估算滤液体积。

② 沉淀　滤液加入 4 倍体积预热至 60℃的 95%乙醇，室温下沉淀 1h。以下测定按总膳食纤维的测定步骤进行。

四、实验现象或结果

膳食纤维计算：

$$膳食纤维含量=\frac{(W_2-W_0)-(W_2'-W_0)-W_3-W_4}{W_1\times(1-W)}\times100\%$$

式中　W——样品水分百分率；

　　W_0——恒重后带有硅藻土的坩埚质量，g；

　　W_1——样品重，g；

　　W_2——恒重后坩埚及其中残余物质量，g；

　　W_2'——恒重后空白实验坩埚及其中残余物质量，g；

　　W_3——残余物中蛋白质的质量（减去空白值），g；

　　W_4——残余物中灰分的质量（减去空白值），g。

五、注意事项

① 调整 pH 前必须把烧杯壁上的样品刮干净，pH 值尽量调至 4.5 左右。

② 三种酶培养必须是按照要求顺序进行，不能颠倒。

③ 定氮时必须所有样品转移至硝化管中。

六、思考与讨论

① 膳食纤维在食品中的作用有哪些？

② 哪些谷物的膳食纤维含量较高？

第二节 粮食的感官品质及主要物理指标分析

实验一 粮食的感官品质分析

一、实验目的与要求

了解各种粮食的感官品质要求，掌握粮食感官鉴定的方法。

二、实验原理及方法

感官鉴定方法是借助检验者的感觉器官和实践经验对粮食、油料及粮食制品的色、香、味、形的优劣进行评定的一种方法。

感官鉴定方法按照人体的感觉器官不同，可分为视觉鉴定法、听觉鉴定法、嗅觉鉴定法、味觉鉴定法、触觉鉴定法、齿觉鉴定法。各种方法必须互相结合，协调运用，综合判断，才能得到正确的结果。

感官鉴定粮食质量的优劣时一般依据色泽、外观、气味、滋味等项，进行综合评定。眼睛观察可感知谷类颗粒的饱满程度，是否完整均匀，质地紧密与疏松程度，以及其本身固有的正常色泽，并且可以看到有无霉变、虫蛀、杂物、结块等异常现象；鼻嗅和口尝则能够体会到谷物的气味和滋味是否正常，有无异味。其中，注重观察其外观与色泽，在对谷类做感官鉴定时有着尤其重要的意义。

三、各种粮食的感官品质鉴定

1. 稻谷

（1）色泽鉴定　将稻谷置于散射光下仔细观察样品的颜色和色泽是否正常。优质稻谷色泽鲜艳、光亮一致，外壳呈黄色、浅黄色或金黄色，无霉菌和大量黄粒米出现。

（2）外观鉴定　观察稻谷颗粒的饱满、完整程度、大小是否均匀一致，有无虫害、霉变结块和杂质。

（3）气味鉴定　取少量稻谷样品于手掌上，用嘴哈气，使之稍热，立即嗅其气味是否具有纯正的稻香味，有无霉味、酸味或其他异味。

（4）水分鉴定　手插入稻谷中或手握稻谷摩擦时，感觉干脆而滑者水分较少，涩滞者水分较大。用手木砻脱壳后，糙米果皮不起毛，水分约在14%以下；起毛时水分为15%～16%；起毛较严重时水分为17%～18%。将稻粒压碎时，响声大者水分低；反之，水分则较高。

（5）杂质鉴定　取平均样品，平摊于样品盘中或手上，先估测试样重量和杂质总量，然后按照试样重量，再分别估测有机杂质和无机杂质含量。这两者的含量应与杂质总量一致，否则，再重复估测，达到一致为止。估测时应根据无机杂质和有机杂质的比重来心算其重量和百分含量，不熟练时可以用粗天平称量的结果相对照地进行练习。

（6）出糙率　稻谷的出糙率，一般是晚熟种的高于早熟种的，粳稻的高于籼稻的。晚粳稻的出糙率约在78%上下，早粳稻的约在77%上下，早、晚籼稻的约在75%上下。稻谷的类型、品种、粒的大小、壳的厚薄是估测出糙率的主要根据，粒大、壳薄者出糙率较高。壳紧包糙米者出糙率较高；反之出糙率较低。

2．小麦

（1）色泽鉴定　将小麦置于散射光下仔细观察其颜色是否呈白色、黄白色、金黄色、红色、深红色或红褐色及其纯度，有无光泽、病变小斑等。

（2）外观鉴定　取样品用手搓或牙咬来感知小麦籽粒质地是否紧密，并仔细观察其透明度，以判断其粒质和纯度。

（3）气味鉴定　取小麦样品于手掌上，用嘴哈热气，然后嗅其气味是否具有小麦的正常气味，有无异味。

（4）滋味鉴定　取少量小麦样品在嘴里咀嚼，品尝其滋味是否正常，有无苦味、酸味或其他不良滋味。

（5）水分鉴定　手握小麦摩擦时，感觉光滑有声，水分为12%～13%；虽有光滑之感，但声响较低者水分为14%～15%。将水分相同的小麦压碎时硬质粒的响声大于软质粒。

（6）杂质鉴定　取平均样品，平摊于样品盘中或手上，先估测试样重量和杂质总量，然后按照试样重量，再分别估测有机杂质和无机杂质含量。这两者的含量应与杂质总量一致，否则，再重复估测，达到一致为止。估测时应根据无机杂质和有机杂质的比重来心算其重量和百分含量，不熟练时可以用粗天平称量的结果相对照地进行练习。

（7）容重鉴定　用已知容重的小麦，通过眼看、手测，记忆品种和质量不同与容重不同的小麦在手上的感觉，如此反复练习，达到与仪器测定结果不超过±3g/L时，即可以认为掌握了容重的估测技术。

3．玉米

（1）色泽鉴定　将玉米样品置于散射光下，观察其颜色是否为黄色、白色或棕黄色，有无光泽。注意其胚部有无绿色或黑色的菌丝。

（2）外观鉴定　观察玉米籽粒的饱满、完整程度，有无虫害、霉变结块和杂质。

（3）气味鉴定　将玉米样品置于手中，用嘴哈热气，立即嗅其气味是否具有玉米的正常气味，有无异味。

（4）滋味鉴定　取少量玉米样品在嘴里咀嚼品尝其滋味是否微甜，有无酸味、苦味、辛辣味和其他不良滋味。

（5）水分鉴定　玉米胚部凹陷，手握时有刺手感觉，水分为 14%～15%；胚部稍有凹陷，用指甲按压时较易掐入，水分为 16%～17%；胚部不凹陷，光泽较强，水分为 18%～20%；胚部稍有高出，光泽较强，水分为 20%～24%。

（6）杂质鉴定　取平均样品，平摊于样品盘中或手上，先估测试样重量和杂质总量，然后按照试样重量，再分别估测有机杂质和无机杂质含量。这两者的含量应与杂质总量一致，否则，再重复估测，达到一致为止。估测时应根据无机杂质和有机杂质的比重来心算其重量和百分含量，不熟练时可以用粗天平称量的结果相对照地进行练习。

（7）容重鉴定　用已知容重的玉米，通过眼看、手测，记忆品种和质量不同与容重不同的玉米在手上的感觉，如此反复练习，达到与仪器测定结果不超过 ±3g/L 时，即可认为掌握了容重的估测技术。

4．大米

（1）色泽鉴定　将大米样品置于散射光下，观察大米颜色是否为清白色或精白色，呈半透明状或不透明，表面具有光泽。劣质大米色泽差，有的表面呈绿色、黄色、灰褐色等。

（2）外观鉴定　良质大米一般大小均匀，坚实丰满，粒面光滑，完整，很少有碎米、爆腰、腹白，无虫，含杂少。次质大米则米粒大小不均匀，饱满程度差，碎米较多，有爆腰和腹白粒，粒面粗糙，含杂较高。霉变大米则组织疏松，表面可见霉菌丝。

（3）气味鉴定　取少量大米样品于手掌上，用嘴向其中哈一口热气，然后立即嗅其气味。良质大米有正常的米香味，无其他异味。劣质大米则有霉味、酸臭味、腐败味或其他异味。

（4）滋味鉴定　取少量大米样品用嘴咀嚼，或将其磨碎后再品尝。优质大米味佳，微甜，无任何异味。劣质大米有酸味、苦味或其他不良滋味。

5．面粉

（1）色泽鉴定　将面粉样品置于散射光下，有条件的可以与标准样品对照比较。优质面粉呈白色或微黄色，不发暗。劣质面粉呈灰白或深黄色，色泽暗淡，不均匀。有些面粉呈直白色，颗粒较粗，则可能添加了过量增白剂。

（2）外观鉴定　优质面粉呈细粉末状，手指捻捏时无粗粒感，置手中紧捏后放开不成团，无发霉，结块，生虫及杂质等。劣质面粉手感粗糙，面粉吸潮后易霉变，有结块现象或手捏成团。

（3）气味鉴定　取少量面粉样品于手掌中，用嘴哈气使之稍热，立即嗅其是否具有面粉的正常气味，有无霉味、酸味或其他异味。

（4）滋味鉴定　取少量面粉用嘴咀嚼，细心品尝其滋味。优质面粉味道可口，淡而微甜，咀嚼时没有砂感。劣质面粉有苦味、酸味或其他异味，咀嚼时有砂感。

四、注意事项

粮食质量感官鉴别常用术语及其含义如下。

（1）未熟粒　籽粒不饱满、外观全部为粉质，无光泽的颗粒。

（2）损伤粒　虫蛀、病斑和生芽等伤及胚或胚乳的颗粒。

（3）筛下物　通过直径20mm的孔筛的物质。

（4）无机杂质　泥土、砂石、玻璃、砖瓦块、铁钉类及其他无机物质。

（5）有机杂质　无食用价值的稻谷粒、草籽、异种粮粒及其他。

（6）有机黄粒米　胚乳呈黄色，与正常米粒色泽明显不同的颗粒。

（7）颜色、气味　一批谷物的综合色泽和气味。

五、思考与讨论

① 粮食感官鉴定的意义是什么？

② 感官鉴定方法的优点有哪些？

实验二　粮食主要物理指标检验

一、实验目的与要求

了解粮食物理检验的项目，掌握粮食主要物理指标的检验方法。

二、粮食主要物理指标检验方法

（一）色泽、气味、口味

色泽、气味、口味的鉴定是借助检验者的感觉器官和实践经验对粮食及粮食制品的色、香、味和形的优劣进行评定，是一种感官检验方法。

正常的粮食都有其固定的色泽、气味、口味，对此国家标准中有明确要求。通过对样品感官上的分析，可初步判断其质量，如是否有异常现象，判断新陈程度及掺伪，是否产生腐败等。

1. 色泽鉴定

色泽是指籽粒的颜色和光泽。通常经过水浸、生霉、生虫和发热的粮食，其固有的颜色和光泽会有变化。鉴定时，将待测样品置于散射光线下，肉眼观察全部样品的颜色和光泽，同时和标准样品或对照样品加以比较，按实际情况加以表述。

2. 气味鉴定

利用人的嗅觉来鉴别样品气味是否具有正常样品应有的气味。由于人的嗅觉易受很多因素的影响，尤其应注意实验环境对测定的影响。在检验时，环境空气应保持清新，没有其他异味，如香烟味、汽油味、试剂味、香味、臭味等。常用下面两种方法进行鉴别。

① 取少量试样，嘴对样品哈气，立即嗅辨气味是否正常。

② 将试样放入洁净无异味的密闭容器内，在 60～70℃中保温数分钟，以便样品中气味在一定温度下挥发出来，同时应不使样品因加热而发生组分变化。保温后开盖，立即嗅辨其气味。

要注意气味鉴定时，检验场所应无烟味、臭味、香味、霉味和陈宿味等异味，必须保持场所空气清新。

3．口味鉴定

成品粮应做成熟食品，品尝其口味和滋味是否正常。

4．结果表示

对各种粮油的感官鉴定结果，用"正常"或"不正常"表示，必要时，对不正常的用文字加以说明。

5．说明

① 粮食的色泽、气味、口味分析是判断粮食优劣的首要条件。不论何种因素影响，都将使粮食品质和外观产生变化．因此它是确定商品价值的关键。

② 色泽的鉴定，不要在太阳光直射下，一定要在散射光线下进行。经过水浸、生霉、生虫和发热的粮食、油料，其固有的粒色和光泽随受害程度的大小而改变。粒色正常的油料籽粒，光泽强的含油量较高。

③ 气味的鉴定必须在清洁空气条件下进行，粮食或油料试样用 50～70℃温水浸泡 2～3min，倒尽温水后，立即嗅辨气味。

（二）类型及互混检验

粮食籽粒的类型是指同种粮食籽粒的粒色、形状等的不同而致的不同类别，是构成粮食工艺品质的重要因素之一。互混是指某主体粮食中混有同种异类粮食的现象。

类型和互混的检验对于保证粮食、油料的纯度，合理确定价格，科学地设计加工工艺及食用、种用、储存和经营管理等方面都具有重要的意义。检验时须根据不同的要求分别采取不同的方法。

1．检验原理

类型和互混的检验方法主要是依据粮食籽粒的粒形、粒质、粒色等进行的外形特征检验；依据粮食的软硬质进行剖粒检验；依据粮食籽粒着色后其颜色的不同变化采用的染色检验。

2．仪器和用具

天平（感量 0.1g）、透视箱、分析盘、1000mL 烧杯、培养皿、刀片、镊子等。

3．试剂

0.1g/100mL 碘-碘化钾溶液（或 0.1g/100mL 碘酒）：称取 1.0g 碘及 5.0g 碘化

钾于大烧杯中，加水 1000mL，溶解后储于棕色瓶中备用。

4．操作方法

（1）外形特征检验　主要是根据其粒形、粒质、粒色等外形特征进行检验鉴别。

① 籼、粳、糯互混　取净稻谷 10g，经脱壳后不加挑选地取出 200 粒（小碎除外）按质量标准分类的规定，拣出混有异类的粮粒数，计算互混百分率。

$$互混百分率 = \frac{m}{200} \times 100\%$$

式中　m——异类粮粒数；

$\quad$ 200——试样粒数。

双试验结果允许差不超过 1%，求其平均数即为检验结果，检验结果取整数。

② 异色粒互混　在检验不完善粒的同时，按质量标准的规定拣出混有的异色粒，称量，计算异色粒百分率。

$$异色粒百分率 = \frac{m_1}{m_2} \times 100\%$$

式中　m_1——异色粒质量，g；

$\quad$ m_2——试样质量，g。

双试验结果允许差不超过 1.0%，求其平均数，即为检验结果， 检验结果取小数点后一位。

③ 小麦粒色鉴别　分取小麦 100 粒，感官鉴别小麦粒色，种皮深红色或红褐色的麦粒达 90 粒及以上者为红麦；种皮白色、乳白色或黄白色的麦粒达 90 粒及以上者为白麦；均不足 90 粒者为混合小麦（即花麦）。

（2）剖粒检验　主要鉴别粮食的软、硬质。

① 分取完善粒试样 100 粒，先从外观鉴别软、硬质。外观鉴别不清时，可将粮粒中部切断，观察断面。籽粒切断器结构如图 2-1 所示。玻璃状透明者为硬质部分，根据硬质部分所占比例，按质量标准规定确定是否硬质粒，然后以硬质粒的粒数计算软硬质含量。小麦硬质粒的硬质部分必须占本粒 1/2 以上。

② 用透视箱鉴别粮食软、硬质。在长方形小木箱内一侧安装一只乳白灯泡，灯泡下安装一块活动的长方形镜子（反射镜），距箱上边

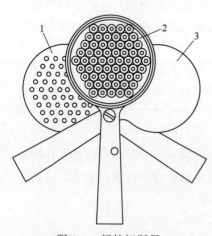

图 2-1　籽粒切断器
1—下圆板（有与上圆板孔眼数目和位置相同的凹槽）；2—上圆板（有 50 或100 个孔眼）；3—刀片

2cm 处插入一块与箱底尺寸相同的毛玻璃，再从完善粒中不加挑选地取出 100 粒试样放在毛玻璃上，接通电源，调节反射镜，使光线反射到毛玻璃上的试样，籽粒呈透明部分者为硬质部分。

③ 说明　稻谷角质率的测定：在测定出糙米率后的糙米中随机取出 100 粒，感官观察米粒角质（透明）部分，将糙米粒中部切断，帮助观察。角质部分占米粒比例分为 5 类：

A．占整粒米，其粒数为 a；

B．占米粒 $3/4 \sim 1$，其粒数为 b；

C．占米粒 $1/2 \sim 3/4$，其粒数为 c；

D．占米粒 $1/4 \sim 1/2$，其粒数为 d；

E．小于米粒 $1/4$，其粒数为 e。

角质率按下式计算：

$$\frac{1 \times a + 0.875 \times b + 0.625 \times c + 0.375 \times d + 0.125 \times e}{a + b + c + d + e} \times 100\% = 角质率$$

（3）染色检验　主要鉴别糯性与非糯性。其原理是根据淀粉性质不同，遇碘后会有不同的颜色反应特性决定的。非糯性与糯性稻谷互混不易鉴别时，将糙米去掉米皮后，不加挑选地取出 200 粒（小碎除外），用清水洗后，再用 0.1g/100mL 碘-碘化钾溶液（或 0.1g/100mL 碘酒）浸泡 1min 左右，然后洗净，观察米粒着色情况。糯性米粒呈棕红色，非糯性米粒呈蓝色。按糯性与非糯性粒数计算互混百分率。

双试验允许差不超过 1%，求其平均数，即为检验结果。检验结果取整数。

5．说明

① 类型互混是指区分同一品种粒形、粒质、粒色等外形结构及异品种粮食、油料之间的相互混入。

② 测定类型互混，是保证粮食、油料同一类型的纯度的重要标志，以便于储藏、加工、出口和应用，提高其使用价值。

（三）杂质、不完善粒和纯粮（质）率

1．杂质

杂质按性质、形态及检验程序分为以下三类。

（1）按性质分　可分为有机杂质和无机杂质。有机杂质一般指无食用价值的粮油籽粒、异种粮粒、草籽、植物体（根、茎、叶、壳）、活或死虫体、其他有机杂质等。无机杂质一般指夹杂在粮食、油料等样品中的泥土、砂石、砖瓦块及其他无机物等。

（2）按形态分　可分为大型杂质、并肩杂质和小型杂质。大型杂质是指显著大于本品颗粒，分布不均匀，在混样和分样时不容易混合均匀的杂质。并肩杂质是指

和被检试样个体差不多大小的杂质，显著小于本品颗粒的杂质属于小型杂质。

（3）按检验程序分 通过一定筛孔筛子清理后，可将其分为大样杂质和小样杂质。大样杂质是指大样中的大型杂质和筛下物。筛下物是指通过绝对筛层筛下的物质（用规定筛层，按规定方法进行筛理，筛下物全部视为杂质的筛层称为绝对筛层）。由于大型杂质和筛下物在制样时不易混合，易造成取样误差，所以杂质测定则一般先大量取样，然后取小样测定。小样杂质是指小样中的杂质。不同被检样品选择不同规格的筛层，如小麦测定通过ϕ1.5mm 的筛孔，稻谷则通过ϕ2.0mm 的筛孔。

根据各种粮食、油料的粒形与大小，标准中规定了各种粮食和油料的绝对筛层（表 2-1），用绝对筛层和规定的筛理方法来筛选相应的粮食和油料，其筛下物一律视为杂质。

表 2-1　检验原粮和油料杂质的绝对筛层

粮种名称	筛孔孔径/mm
谷子、芝麻、油菜籽	1.0
麦类、高粱、粟子	1.5
稻谷、绿豆、小豆、葵花籽	2.0
荞麦	2.5
大豆、玉米、花生仁、菜豆、蓖麻籽	3.0

（1）检验原理 利用杂质和被检样品籽粒的大小、形状、颜色、构成等外部性状的不同，采用筛网筛选、感官判断等方法分离出杂质，称取杂质的质量，最后计算其含量。

（2）仪器和用具

① 天平：感量 0.01g、0.1g。

② 谷物选筛或电动筛选器。

③ 分样器或分样板。

④ 分析盘、小盘、刀片、毛刷、镊子等。

（3）试样 检验杂质的试样分大样、小样两种：大样是用于检验大样杂质，包括大型杂质和绝对筛层的筛下物；小样是从检验过大样杂质的样品中分出少量试样，检验小样中所有杂质。检验杂质的试样用量参照表 2-2。

表 2-2　检验杂质的试样用量规定表

粮食、油料名称	大样质量/g	小样质量/g
小粒：粟、芝麻、油菜籽等	500	10
中粒：稻谷、小麦、高粱、小豆、棉籽等	500	50
大粒：大豆、玉米、豌豆、葵花籽、小粒蚕豆	500	100

粮食、油料名称	大样质量/g	小样质量/g
特大粒：花生果（仁）、蓖麻籽、桐籽、茶籽、文冠果、大粒蚕豆等	1000	200
其他：甘薯片、大米中带壳稗粒和稻谷粒检验	500～1000	

（4）筛选

① 电动筛选器法　按质量标准中规定的筛层套好（大孔筛在上，小孔筛在下，套上筛底），按规定取试样放入筛上，盖上筛盖，放在电动筛选器上，接通电源，打开开关，选筛自动地向左向右各筛 1min（转速为 110～120r/min），筛后静置片刻，将筛上物和筛下物分别倒入分析盘内。卡在筛孔中间的颗粒属于筛上物。

② 手筛法　按照上法将筛层套好，倒入试样，盖好筛盖。然后将选筛放在玻璃板或光滑的桌面上，用双手以 110～120 次/min 的速度按顺时针方向和反时针方向各筛动 1min，筛动的范围，掌握在选筛直径扩大 8～10cm。筛后的操作与上法同。

（5）大样杂质检验

① 操作方法　从平均样品中，按规定称取试样（W），按筛选法分两次进行筛选（特大粒粮食、油料分 4 次筛选），然后拣出筛上大型杂质和筛下物合并称重（W_1）（小麦大型杂质在 4.5mm 筛上拣出）。

② 结果计算　大样杂质含量按下列公式计算：

$$大样杂质含量 = \frac{W_1}{W} \times 100\%$$

式中　W_1——大样杂质质量，g；

　　　W——大样质量，g。

双试验结果允许差不超过 0.3%，求其平均数，即为检验结果。检验结果取小数点后第一位。

（6）小样杂质检验

① 操作方法　从检验过大样杂质的试样中，按照规定用量称取试样（W_2），倒入分析盘中，按质量标准的规定拣出杂质称重（W_3）。

② 结果计算　小样杂质含量按下列公式计算：

$$小样杂质含量 = (1-M) \times \frac{W_3}{W_2} \times 100\%$$

式中　W_3——小样杂质质量，g；

　　　W_2——小样质量，g；

M——大样杂质百分率。

双试验结果允许差不超过 0.3%，求其平均数，即为检验结果。检验结果取小数点后第一位。

（7）矿物质检验

① 操作方法　质量标准中规定有矿物质指标的（不包括米类），从拣出的小样杂质中拣出矿物质称量（W_4）。

② 结果计算　矿物质含量按下列公式计算：

$$矿物质含量 = (100 - M) \times \frac{W_4}{W_2} \times 100\%$$

式中　W_4——矿物质质量，g；

　　　W_2——小样质量，g；

　　　M——大样杂质百分率。

双试验结果允许差不超过 0.1%，求其平均数，即为检验结果。检验结果取小数点后第一位。

（8）杂质总量计算　一般粮食和油料的杂质总量按下列公式计算：

$$杂质总量 = M + N$$

式中　M——大样杂质百分率；

　　　N——小样杂质百分率。

计算结果取小数点后第一位。

2．米类杂质检验

（1）糠粉检验

① 操作方法　从平均样品中分取试样约 200mg，分两次放入直径 1.0mm 圆孔筛内，按规定的筛选法进行筛选，倒入试样，轻拍筛子使糠粉落入筛底。全部试样筛完后，刷下留存在筛层上的糠粉，合并称重（W_1）。

② 结果计算　糠粉含量按下列公式计算：

$$糠粉含量 = \frac{W_1}{W} \times 100\%$$

式中　W_1——糠粉质量，g；

　　　W——试样质量，g。

双试验结果允许差不超过 0.04%，求其平均数，即为检验结果。检验结果取小数后第二位。

（2）矿物质检验

① 操作方法　从检验过糠粉的试样中拣出矿物质，称重（W_2）。

② 结果计算　矿物质含量按下列公式计算：

$$矿物质含量 = \frac{W_2}{W} \times 100\%$$

式中　W_2——矿物质重量，g；

　　　W——试样重量，g。

双试验结果允许差不超过 0.005%，求其平均数，即为检验结果，检验结果取小数点后第二位。

（3）其他杂质检验

① 操作方法　从检验过糠粉和矿物质的试样中，拣出稻谷粒、稗粒及其他杂质等一并称重（W_3）。

② 结果计算　其他杂质含量按下列公式计算：

$$大样杂质含量 = \frac{W_3}{W} \times 100\%$$

式中　W_3——稻谷粒、稗粒及其他杂质质量，g；

　　　W——试样质量，g。

双试验结果允许差不超过 0.04%，求其平均数，即为检验结果。检验结果取小数点后第二位。

（4）带壳稗粒和稻谷粒检验　从平均样品中分取试样 500g，拣出带壳稗粒和稻谷粒，分别计算含量。拣出的粒数乘以 2 即为检验结果，以"粒/kg"表示。

双试验结果允许差，带壳稗粒不超过 3 粒/kg，稻谷粒不超过 2 粒/kg，分别求其平均数，即为检验结果，平均数不足 1 粒时按 1 粒计算。

（5）米类杂质总量计算　米类杂质总量按下列公式计算：

$$米类杂质总量 = A + B + C$$

式中　A——糠粉百分率；

　　　B——矿物质百分率；

　　　C——其他杂质百分率。

计算结果取小数点后第二位。

3．不完善粒检验

不完善粒是指有缺陷但尚有食用价值的籽粒，如虫蚀粒、病斑粒、生芽粒、霉变粒、破损粒、冻伤粒、烘伤粒或未熟粒等有缺陷但仍有食用价值的粮食、油料。

未熟粒：发育不饱满、尚未成熟的粮食、油料籽粒。不同粮油品种的未熟粒，其具体定义由各自的标准作出不同的规定。

虫蚀粒：被虫蛀蚀，伤及胚及胚乳（子叶）的颗粒。

霉变粒：稻谷生霉，剥壳后糙米也有霉点，胚乳变色变质的颗粒，小麦、大豆、玉米等粒面生霉，或胚乳、子叶变色变质的颗粒。

病斑粒：粒面有病斑并伤及胚或胚乳（子叶）的颗粒。还包括小麦赤霉病粒。

生芽粒：芽或幼根突破种皮的颗粒。

破损粒：压扁、破碎，伤及胚或胚乳（子叶）的颗粒。

破碎粒：花生果果皮或花生仁因外力作用或其他原因破损，伤及整粒体积或子叶体积五分之一及以上的颗粒，包括花生仁破碎的单片子叶。

冻伤粒：经受严重冻伤的颗粒。如大豆籽粒透明，或子叶僵硬呈暗绿色的颗粒。

烘伤粒：亦称"热损粒"，经过烘干损伤的籽粒，如小麦粒面筋质特性受到削弱或玉米粒胚或胚乳变为深褐色的颗粒等。

由于不完善粒食用价值降低，易受虫、霉侵害，又影响商品外观和加工出品率，所以在纯粮（质）率的计算上将不完善粒折半计算，并且在某些粮食质量指标中不完善粒还作为控制项目。

（1）仪器和用具　同杂质检验。

（2）操作方法　在检验小样杂质的同时，按质量标准的规定拣出不完善颗粒，称重（W_1）。

（3）结果计算　不完善粒含量按下列公式计算：

$$不完善粒含量 = (1 - M) \times \frac{W_1}{W} \times 100\%$$

式中　W_1——不完善粒质量，g；

　　　W——试样质量，g；

　　　M——大样杂质百分率。

双试验结果允许差：大粒、特大粒粮不超过 1.0%，中小粒粮不超过 0.5%，求其平均数即为检验结果，检验结果取小数点后第一位。

4. 纯粮（质）率

纯粮率：是指除去杂质的谷物、豆类籽粒（其中不完善粒折半计算）占试样质量的百分率。纯粮率分净粮纯粮率和毛粮纯粮率。用除去杂质之后试样做出的纯粮率为净粮纯粮率；以自然试样做出的纯粮率为毛粮纯粮率。

纯质率：除去杂质的油料籽粒质量（其中不完善粒折半计算）占试样质量的百分率。花生仁净仁质量或甘薯片纯质质量占试样质量百分率。

纯粮（质）率反映了粮食、油料的纯净程度，它是粮食、油料使用价值的重要标志之一。测定方法简便易行、快速，无需特殊设备仪器，适宜于广大基层采用。许多粮食、油料如大豆、玉米、花生仁、大麦、燕麦、芝麻、葵花籽、甘薯片等的质量标准是以纯粮（质）率作为定等的基础项目。

（1）净粮纯粮（质）率

$$净粮纯粮(质)率 = \frac{W - 1/2W_1}{W} \times 100\%$$

式中 W_1——不完善粒质量，g；

W——试样质量，g。

（2）毛粮纯粮（质）率

$$毛粮纯粮(质)率 = \frac{W - W_2 - 1/2W_1}{W} \times 100\%$$

式中 W_1——不完善粒质量，g；

W_2——杂质质量，g；

W——试样质量，g。

结果取小数点后第一位。

（3）说明

① 由于各种样品中夹杂的杂质种类和性质相差较大，为保证取样的代表性，通常将试样分为大样和小样分别称取，借此能较客观地检验出样品中较大杂质（筛上物），并肩杂质和较小杂质（筛下物）。

② 在检验不完善粒时，某些品种的样品在检验时受自然光线的强弱影响较大，光线太暗会使检验过程某些类型不完善粒的检验结果产生一定偏差。

③ 不完善粒的结果计算时，不同颗粒大小的试样，其双试验结果的允许差不同。

5．小麦、高粱、谷子等粮食容重测定

单位容积粮食、油料籽粒的质量称为容重，通常以 g/L 表示。

容重的大小是粮食质量的综合标志，是国内外粮食定等及评价粮食工艺品质的主要指标。在我国，小麦、高粱、粟、裸燕麦、裸大麦等许多粮食的定等，是以容重为基础指标的。如冬麦和春麦各分为 5 等，容重等级差均为 20g/L，一等冬麦为 790g/L，一等春麦为 770g/L。世界各国对小麦的分等一般也以容重为基础。

（1）仪器和用具

① HGT01000 型容重器（即增设专用底板的 61-71 型容重器）

② 天平 感量 0.1g。

③ 谷物选筛 不同粮种选用的筛层如下规定：

小麦：上层筛 4.5mm，下层筛 1.5mm；

高粱：上层筛 4.0mm，下层筛 2.0mm；

谷子：上层筛 3.5mm，下层筛 1.2mm。

（2）试样制备　从平均样品中分取试样约 1000g，按规定的筛层分几次进行筛选，取下层筛筛上物混匀作为测定容重的试样。

（3）操作步骤

① 打开箱盖，取出所有部件，盖好箱盖。

② 在箱盖的插座上安装立柱，将横梁支架安装在立柱上，并用螺丝固定，再将不等臂式双梁安装在支架上。

③ 将放有排气砣的容量筒挂在吊环上，将大、小游锤移至零点处检查空载时的零点。如不平衡，则捻动平衡调整砣调整至平衡。

④ 取下容量筒，倒出排气砣，将容量筒安装在铁板底座上，插上插片，放上排气砣。套上中间筒。

⑤ 将制备的试样倒入谷物筒内，装满刮平。再将谷物筒套在中间筒上，打开漏斗开关，待试样全部落入中间筒后关闭漏斗开关。握住谷物筒与中间筒接合处，平稳地抽出插片，使试样与排气砣一同落入容量筒内，再将插片准确地插入豁口槽中，依次取下谷物筒，拿起中间筒和容量筒，倒净插片上多余的试样，抽出插片，将容量筒挂在吊环上称重。

双试验结果允许差不超过 3g/L，求其平均数，即为测定结果。

6. 玉米容重

（1）仪器和用具　GHCS-1000 型容重器（漏斗下口直径为 40mm）。

谷物选筛：上层筛孔直径 12.0mm，下层筛孔直径 3.0mm。

（2）试样制备　从原始样品中用分样器分出平均样品二份，取一份平均样品约 1000g，按上层筛孔直径 12.0mm，下层筛孔直径 3.0mm 套好筛层，分两次进行筛选。取下层筛的筛上物混匀，作为测定容重的试样。

（3）容重器安装及测定

① 打开箱盖，取出所有部件，按粮种选好漏斗。

② 先按容重器说明书校准电子秤，再将带有排气砣的容量筒放在电子秤，空载时调节零点。

③ 取下容量筒，将容量筒安装在铁板底座上，套上中间筒。

④ 将制备的试样倒入谷物筒内，装满刮平。再将谷物筒套在中间筒上，打开漏斗开关，让玉米自由下落，待试样全部经过中间筒落入容量筒后，关闭漏斗开关。用手握住谷物筒与中间筒的接合处，将插片准确地插入豁口槽中，依次取下谷物筒，拿起中间筒和容量筒，倒净插片上多余的试样，抽出插片，取下容量筒，将容量筒放在电子秤上称量。

双试验允许差不超过 3g/L，求其平均数，即为测定结果，结果取整数。

（4）说明

① 粮食容重的大小是由籽粒的大小、形状、整齐度、质量、腹沟深浅、胚乳质地等多方面决定的。一般来说，籽粒成熟饱满、结构紧密、颗粒小、含水量低的样品，容重较大；反之，则容重较小。

② 作为一个反映粮食特性的综合指标，容重值与很多因素有关，籽粒中水分含量影响容重的大小，一般呈负线性关系，这主要是由于水的密度小于粮食的密度，同时，水分影响籽粒的体积。

③ 容重值受样品中杂质的影响，虽然在容重测定时，经过筛理去除了大量杂质，但仍有少量杂质存在。一般情况下，有机杂质能使容重降低，砂石等矿物质能使容重增大。

④ 根据容重可以推算出一定体积粮堆的重量以及推算粮食仓容、粮堆体积，这对粮食的储运工作有一定的实践意义。

7．相对密度的测定

相对密度是一个常见的物理指标，粮食相对密度是指粮食的纯体积的质量与其同体积水的质量之比。

相对密度在粮油食品工业中有较多的应用。各种物质都有一定的相对密度，当物质发生变化时，如纯度、浓度等改变，其相对密度值也随之变化，故可以通过物质相对密度，了解其品质。对一些液态样品，可用相对密度表示其中固形物含量、溶质浓度等。对于粮食、油料来说，相对密度大小与其成熟度、饱满度以及化学成分及籽粒质地有密切关系，粮食成熟饱满、质地紧密（如绿豆等）的粮食相对密度大，且随着品种的不同而异，这主要是组成粮油的主要化学成分相对密度不同，其中以淀粉的相对密度较高，脂肪的相对密度较低，所以一般淀粉含量高的样品，相对密度较大，脂肪含量高的样品则相对密度较小。稻谷、小麦、大麦、燕麦、大豆、豌豆的相对密度一般大于 1，在 1.13～1.45 之间，葵花籽、芝麻的相对密度则较低，在 0.937～1.049 之间。

（1）原理　粮食相对密度测定法有量筒法和相对密度瓶法。其原理是将已知质量的试样投入比试样密度小的液体中，试样排开液体的体积等于试样体积，然后根据试样质量和排开的同体积的水的质量之比来计算粮食的相对密度。

（2）量筒法

① 仪器和用具　量筒，0.1mL 刻度；天平，感量 0.01g。

② 试剂　20%乙醇，22mL 95%乙醇加水 78mL。

③ 操作方法　在 20mL 量筒中，先注入 20%乙醇 10mL，然后放入试样 5g，稍加摇动，逐出气泡，待液面平稳后，立即读取液体上升体积数。

④ 结果计算

粮食、油料相对密度（d）按下列公式计算：

$$d = \frac{m_1}{m_2} = \frac{m_1}{V}$$

式中　m_1——试样质量，g；

　　　m_2——与试样同体积的水的质量，g；$m_2 = V \times d_水$，$d_水$为水的密度，近似取

　　　　　　1g/mL；

　　　V——试样体积。

（3）相对密度瓶法

① 仪器和用具　相对密度瓶，为长颈带活塞的玻璃瓶。颈上有 0.1mL 刻度，计 10mL，零位刻度在长颈下部，零位下有调节液体容量的活塞。

② 操作方法　向瓶内注入 20%乙醇，通过活塞调节液面至零位处。然后从瓶口放入试样 10g，稍加摇动，逐出气泡，放平立即读取液面上升的刻度。

③ 结果计算

相对密度 d 的计算同量筒法。

粮食相对密度不做双试验。测定结果取小数点后二位。

8．千粒重的测定

千粒重指 1000 粒粮食或油料籽粒的质量，其单位以 g 来表示。玉米、大豆、花生仁等大粒种子也用百粒质量来表示。

粮食和油料籽粒的千粒重有两种表示方法。

（1）自然成分千粒重　系指在测定的时候包括水分在内的千粒重。

（2）干基千粒重　系指在测定的时候校正水分含量后的千粒重。

千粒重是鉴定粮食和油料籽粒（种子）大小、饱满程度和充实度的重要标志。一般来说，籽粒越大越饱满，其千粒重越大。在大小相同的籽粒中，千粒重越大，说明籽粒营养成分也越充足，相对的皮层含量越低。

（1）仪器和用具　天平，感量 0.01g；分析盘、镊子等；谷粒计算器，如果没有合适的计数器可用，计数也可以手工操作。

（2）操作步骤

① 自然水分千粒质量的测定　样品除去杂质后，用分样器或四分法分样，将试样分至大约 500 粒，挑出完整粒，数其粒数，准确称量，折算成 1000 粒质量。

② 干基千粒质量的测定　干基千粒质量，测定试样水分含量，同时按照上法测定千粒质量。每份试样要进行两次测定。

（3）结果的表示

自然水分千粒质量和干基千粒质量按下列公式计算：

$$自然水分千粒质量 = \frac{m_0 \times 1000}{N}$$

$$干基千粒质量 = 自然水分千粒质量 \times (1-M)$$

式中　m_0——试样质量，g；

　　　　N——试样的粒数；

　　　　M——试样水分百分率。

如果平行测定结果符合允许差要求时，以其算术平均值作为结果，否则，需重新取样测定，其结果以 g 为单位表示千粒质量。

千粒质量低于 10g 的，小数点后保留二位数；千粒质量等于或大于 10g 的，但不超过 100g 的，小数点后保留一位数；千粒质量大于 100g 的，取整数。

同时或连续进行的两次测定结果之差，对于千粒质量大于 25g 的，应不超过 6%，对其他千粒质量的应不超过 10%。

三、思考与讨论

① 粮食物理指标检验主要包括哪些内容？

② 粮食物理指标检验的意义有哪些？

第三节　成品粮的加工品质分析

实验一　大米的物理品质及加工精度检验

一、目的与要求

掌握大米的物理品质及加工精度检验方法。

二、大米的物理品质检验

1. 出糙率检验

出糙率是指净稻谷脱壳后的糙米的质量（其中不完善粒折半计算）占试样质量的百分率。稻谷的出糙率高低不但直接反映了稻谷的工艺品质——碾米产量的潜力，而且还可体现稻谷的食用品质。稻谷籽粒成熟度越高，籽粒越饱满，壳越薄则稻谷出糙率越高。在稻谷加工中可根据出糙率衡量生产效果，同时也是计算出米率的依据之一。出糙率与稻谷加工出米率成正比。所以稻谷出糙率是稻谷品质优劣的重要指标，也是稻谷定等的基础项目之一。

计算时，不完善粒减半计重。不完善粒包括脱壳前拣出的生芽粒和生霉粒脱壳后得到的糙米以及其他净稻谷得到的糙米中尚有食用价值的颗粒，生霉粒是生霉稻谷剥壳后糙米粒面也有霉斑的颗粒，生芽粒是芽或幼根已突破稻壳的颗粒，尚有食用价值的颗粒是指未熟粒（籽粒不饱满，外观全部为粉质、无光泽的颗粒）、虫蚀粒（籽粒被虫蛀蚀，伤及胚或胚乳的籽粒）以及病斑粒（表面有病斑，伤及胚及胚乳的籽粒）。我国将出糙率作为稻谷质量标准中的定等基础项目，见表 2-3。

表 2-3 不同等级稻谷出糙率

等级	晚粳/%			早籼、晚籼、籼粳/%	早粳、粳糯/%
	一类地区	二类地区	三类地区		
1	82	80	78	79	81
2	80	78	76	77	79
3	78	76	74	75	77
4	76	74	72	73	75
5	74	72	70	71	73

注：一类地区包括江苏、浙江、上海、安徽、福建、江西、四川、贵州、云南、湖南、湖北、广东、广西、北京、天津十五个省、市、自治区；二类地区包括山东、山西、河南、河北、辽宁、陕西、宁夏七个省、自治区；三类地区包括黑龙江、吉林、内蒙古、新疆四个省、自治区。

各类稻谷以三等为中等标准，低于五等的为等外稻谷。实行全项目增减价的出糙率基础指标，在等级指标上增加 10%。

（1）测定原理 试样经砻谷机、手工脱壳处理，将糙米和稻壳分离利用得到糙米和不完善粒的质量，计算试样的出糙率。

实验砻谷机仿胶辊砻谷机原理制成，利用两个胶辊相对差速运动，产生摩擦力使稻谷脱壳，脱壳后的糙米与壳密度不同，稻壳被吸风机吸走，糙米自然下落而达到壳糙分离。

（2）仪器和用具 实验砻谷机或手木砻；天平，感量 0.01g；分析盘、刀片、镊子等。

（3）操作方法

① 将实验砻谷机（图 2-2）平稳地放在工作台上，根据稻谷的粒形，用调节螺丝调整好胶辊间距。

② 从平均样品中，称取净稻谷（除去谷外糙米）试样 20g（m），先拣出生芽粒和生霉粒，单独剥壳称量，属不完善粒称重（m_1）。然后将剩余试样放在小畚斗中备用。

③ 打开砻谷机电源开关，稍等片刻后，将盛有试样的小畚斗放在进料斗上，利用砻谷机振动将试样缓缓倒入进料斗内，试样流完后，抽出盛糙米抽斗，拣出糙米中少量稻谷，再重新脱壳 1～2 次。

④ 关闭电源开关，除去糙米中糠杂，糙米（连同单独剥壳的完善糙米）称重（m_2），再拣出不完善粒，称重（m_3）。

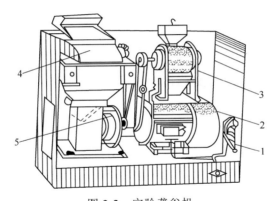

图 2-2 实验砻谷机

1—电源开关；2—电动机；3—米机；4—胶辊；5—风机

用砻谷机脱壳，除去糠杂，糙米称量，再拣出不完善粒，称量。糙米质量和不完善粒质量分别加上生芽粒、生霉粒质量即为糙米总质量和不完善粒总质量。

（4）结果计算 稻米出糙率按下列公式计算。

$$出糙率 = \frac{(m_1 + m_2) - (m_1 + m_3) \div 2}{m} \times 100\%$$

式中 m_1——生芽、生霉粒剥壳后糙米质量，g；

m_2——糙米质量，g；

m_3——糙米中不完善粒质量，g；

m——试样质量，g。

双试验结果允许差不超过 0.5%，求其平均数，即为检验结果。检验结果取小数点后一位。

（5）说明

① 稻谷的出糙率是确定等级的基础项目，是反映水稻优劣的重要标志，是推算出米率的根据。

② 籽粒成熟、饱满、壳薄的稻谷出糙率较高，反之出糙率较低，籼稻谷和籼糯稻谷的出糙率为 71%～79%，粳稻谷和粳糯稻谷的出糙率为 73%～82%，稻谷的出糙率与其出米率成正比，根据出糙率可计算稻谷加工出米率。同时，出糙率表示了其食用品质的好坏，与米饭品尝评分有良好的相关性。

③ 稻谷中的糙米，虽可使其加工出糙率增高，食用价值部分增大，但是我国主要是以稻谷形式储存，而糙米在储存期间易受病虫危害，导致储粮发热、变质、损耗，因此，在检测稻谷出糙率时，试样应不包含糙米。

④ 生芽粒、生霉粒粒质疏松，如果和正常稻谷粒一起用砻谷机脱壳，容易形成碎米，给归属带来困难，造成测定误差。所以，在砻谷前，生芽粒、生霉粒需单独剥壳检验。

⑤ 称量糙米质量前，应检查砻糠抽斗中砻糠中有无混入糙米，如有应取出，一并称重。

2. 整精米率检验

整精米是糙米碾成精度为国家标准一等大米时，米粒产生破碎，其中长度仍达到完整精米粒平均长度的五分之四以上（含五分之四）的米粒。整精米率是整精米占净稻谷试样质量的百分率。

整精米率是反映稻谷品质的重要项目，是稻谷定等项目之一。

（1）仪器和用具　实验砻谷机；实验碾米机；天平，感量 0.01g；谷物选筛机；分析盘、镊子等。

（2）操作方法　称取净稻谷试样，经脱壳后称量糙米总量，然后从中称取一定量的糙米，用实验碾米机碾磨成国家标准一等大米的精度，除去糠粉，再拣出整精米粒，称量。

（3）结果计算　整精米率按下列公式计算：

$$整精米率 = \frac{m_3}{m_0 \times \dfrac{m_2}{m_1}} \times 100\%$$

式中　　m_0——稻谷试样总质量，g；

　　　　m_1——糙米总质量，g；

　　　　m_2——实验碾米机的最佳碾磨质量，g；

　　　　m_3——整精米粒质量，g。

双试验结果允许差不超过 1.0%，求其平均值为检验结果。结果取整数。

3. 黄粒米及裂纹粒检验

黄粒米是指胚乳呈黄色而与正常米粒的色泽明显不同的颗粒，一般认为米粒胚乳变黄是由于籽粒中内源酶或生物酶作用的结果。在同等条件下，高水分黄粒米比正常稻米易受黄曲霉侵染，黄曲霉侵染快，产毒量高。因此，在我国稻谷、大米质量标准中黄粒米限度为 2.0%。

裂纹粒（爆腰米）是指粒面（胚乳）出现裂纹的米粒。

裂纹粒既会影响出米率（增加碎米率），也将会影响成品的质量（使之外观欠佳，蒸煮性不良）。由于干燥方法和干燥条件是影响稻谷粒产生裂纹的重要因素，因此，裂纹粒率是进行稻谷干燥时的一项重要技术指标，是重要的检验项目。

（1）原理　根据黄粒米和裂纹粒的定义，用外观检验的方法，将黄粒米和裂纹粒从试样中检验出来，然后计算其百分含量。

（2）稻谷黄粒米检验

① 仪器和用具　天平，感量 0.01g；实验碾米机；分析盘、镊子等。

② 操作方法　稻谷经检验出糙率以后，将其糙米试样用小型碾米机碾磨至近

似标准二等米的精度，除去糠粉，称重（W），作为试样重量，再按规定拣出黄粒米，称重（W_1）。

③　结果计算　稻谷黄粒米含量按下列公式计算：

$$黄粒米含量 = \frac{W_1}{W} \times 100\%$$

式中　W_1——黄粒米质量，g；

　　　W——试样质量，g。

如双试验结果允许差不超过 0.3%，求其平均数，即为检验结果。检验结果取小数点后第一位。

（3）大米黄粒米检验

①　操作方法　分取大米试样约 50g，或在检验碎米的同时，按规定拣出黄粒米（小碎米中不检验黄粒米），称重（W_1）。

②　结果计算　大米黄粒米含量按下列公式计算：

$$黄粒米含量 = \frac{W_1}{W} \times 100\%$$

式中　W_1——黄粒米质量，g；

　　　W——试样质量，g。

双试验结果允许差不超过 0.3%，求其平均数，即为检验结果。检验结果取小数点后第一位。

（4）裂纹粒的检验　糙米粒面出现裂纹，称为裂纹粒，俗称爆腰粒。

操作方法：在检验稻谷出糙率后，不加挑选地取整粒糙米 100 粒，用放大镜进行鉴别，拣出有裂纹的米粒，拣出的粒数，即为裂纹粒的百分率。

4．角质率

大米籽粒透明部分称角质或玻璃质，占整体部分的百分率称为角质率。角质率是商品外观的重要指标。角质率高的稻米，经加工后有着非常好的光泽，透明度也好，外观也比较好看。角质率与大米的蒸煮品质（或称食用品质）有较密切的关系。角质率高的大米，米饭质地柔软，蒸煮品质较好。角质率是鉴别品种特性的依据之一，也是稻米品质鉴定的一个重要项目。

（1）仪器和用具　谷物透视器，镊子、刀片等。

（2）操作方法　在测定出糙率后的糙米（或大米）中，随机取出整米 100 粒，置于谷物透视器上观察米粒角质（透明）部分占糙米体积的比例，逐粒观察，必要时可用刀片切断米粒帮助判断，也可将糙米碾成白米，再随机拣出整米 100 粒，逐粒直接观察。

角质部分占整米的比例按以下五类分别归属计算粒数：

① 整米全部为角质，其粒数为 a。

② 角质部分占整米粒的 3/4～1，其粒数为 b。

③ 角质部分占整米粒的 1/2～3/4 其粒数为 c。

④ 角质部分占整米粒的 1/4～1/2，其粒数为 d。

⑤ 角质部分占整米粒的比例小于 1/4，其粒数为 e。

（3）结果计算　角质率按下列公式计算：

$$\frac{1 \times a + 0.875 \times b + 0.625 \times c + 0.375 \times d + 0.125 \times e}{a + b + c + d + e} \times 100\% = 角质率$$

双试验结果允许差不超过 3%，求其平均数，即为测定结果，结果取整数。

5. 稻谷垩白粒率、垩白度、粒形长宽比

垩白是指米粒胚乳中的白色不透明部分。根据其发生部位的不同，又可分为腹白粒、心白粒、乳白粒、基白粒和背白粒等。腹白粒即米粒腹部有垩白，其主要成因是由于与糊粉层相连接的数层胚乳细胞淀粉积累不良，淀粉粒间有空隙所致。心白粒，米粒中心部位呈白色不透明，由于米粒从背部至腹部的经线上的胚乳细胞变为扁平，淀粉充实不良形成不透明，而其外围四周则充实良好，心白粒其外观和食味不良。乳白粒米粒全部呈乳白色，粒面有光泽，其不透明部分处于胚乳内部，外部被半透明胚乳包围，有的乳白粒不透明部偏于腹侧，看上去类似腹白粒，但其半透明部分即白色部分的界线与腹白粒不同，即表现不明显。乳白粒碾米时易碎，粉质粮食用品质变劣，商品外观降低。基白粒，米粒基部不充实，形成白色不透明，其不透明部分接近表面，无光泽，碾米时易碎，降低出米率。背白粒是沿米的背沟上有条状垩白的籽粒，是由于沿着背部管束的数层胚乳细胞其淀粉不充实，变为白色不透明之故。由于垩白粒含量的多少和垩白的程度直接影响稻谷的外观和品质，所以在优质稻谷的国家标准中规定了垩白粒率、垩白度的限制指标。各种垩白粒形态参见图 2-3。

垩白粒率是指有垩白的米粒占整个米样粒数的百分率。

垩白度是指垩白米的垩白面积总和占试样米粒面积总和的百分比。

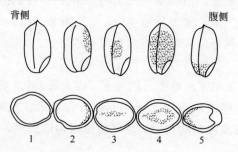

图 2-3　完全粒、腹白粒、心白粒、乳白粒、基白粒的白色不透明部分的位置示意图

1—完全粒；2—腹白粒；3—心白粒；4—乳白粒；5—基白粒

粒形长宽比是指稻谷米粒长与粒宽的比值。粒形通常作为稻谷分类的标志，也是稻谷品质和品种特征之一。对籼稻谷来说，粒形越是狭长，越是优良品种，其食用品质越好。优质稻谷的国家标准中，对籼稻谷的粒形长宽比规定为大于或等于 2.8。

（1）垩白粒率　从稻谷精米试样中随机数取整精米 100 粒，拣出有垩白的米粒，按下式求出垩白粒率。重复一次，取两次测定的平均值，即为垩白粒率。

$$垩白粒率 = \frac{垩白粒数}{总粒数} \times 100\%$$

（2）垩白度　在按上述方法拣出的垩白米粒中，随机取 10 粒（不足 10 粒者按实有数取），将米粒平放，正视观察，逐粒目测垩白面积占整个籽粒投影面积的百分率，求出垩白面积的平均值。重复一次或二次测定，结果取其平均值为垩白度大小。

（3）粒型长宽比检验方法

① 仪器和用具　测量板（平面板上粘贴黑色平绒布）、直尺（0.1mm）、镊子等。

② 测量方法

A．随机数取完整无损的精米（精度为国家标准一等）10 粒，平放于测量板上，按照头对头、尾对尾、不重叠、不留隙的方式，紧靠直尺摆成一行，读出长度。

B．将测量过长度的 10 粒精米，平放于测量板上，按照同一方向肩靠肩（即宽度方向）排列，用直尺测量，读出宽度。双试验差不超过 0.3mm，求其平均值，即为精米宽度。

C．结果计算：

$$长宽比 = \frac{长度}{宽度}$$

三、大米加工精度检验

大米加工精度是指米粒脱掉种皮的程度或沟和粒面的留皮程度。

大米精度是评定碾米工艺效果的最基本的指标，如果大米精度达不到规定标准，那么碾米的质量就不符合要求。大米的精度检验有两种方法，即直接比较法（感官检验法）和染色法。

1. 直接比较法

对于缺乏实际经验的检验人员应用直接比较法确定大米精度是比较困难的。但是，只要掌握构成大米精度的主要因素及其彼此之间的关系，就可使大米精度检验迅速、准确地完成。

从平均样品中称取试样 50g，与统一规定的精度标准或标准米样为准，用感官鉴定法观察碾米机碾出的米粒与标准米样在色泽、留皮、留胚、留角等方面是否相符。符合哪等标样，就定为哪等。

（1）色泽　加工精度越高，米粒颜色越白。评定时，首先将加工出来的米粒与标准米样比较，观察色泽是否一致。由于刚出机的米粒，色泽常常发暗，冷却后才能返白，因此在比较时，刚出机白米的颜色可能比冷的标准米样稍差一些，对此需要注意。

（2）留皮　留皮是指大米表面残留的皮层。加工精度越高，留皮越少。评定时，应仔细观察米粒表面留皮是否符合标准要求。观察时，一般先看米粒腹面的留皮情况，然后再看背部和背沟的留皮情况。

（3）留胚　加工精度越高，米粒留胚越少。评定时，观察出机白米与标准米样的留胚情况是否一致。

（4）留角　角是指米粒胚芽旁边的米尖。加工精度越高，米角越钝。评定时，观察刚出机白米与标准米样留角是否一致。

精度检测时，在室内采用散射光，室外应避开阳光直射，检测时可以将标样与样品左右交替观察对比留皮程度。

2. 染色法

大米精度主要决定于米粒表面留皮程度。为了较准确地评定大米的精度，可用品红石炭酸溶液等将标准样品和成品米染色后加以比较，观察留皮的程度。

（1）仪器和用具　蒸发皿或培养皿；天平　感量 0.1g、0.01g；量筒 25mL；电热恒温水浴锅；细口瓶 100mL、1000mL；玻璃棒等。

（2）试剂

① 0.1%品红石炭酸溶液　称取 0.5g 石炭酸加入 10mL95%的乙醇，再加入甲基品红 1g，待溶解后，用水稀释到 500mL，充分混合后，储存于棕色瓶中备用。

② 1.25%硫酸溶液　用量筒取相对密度 1.84、浓度 95%的浓硫酸 7.2mL 注入盛有 400～500mL 水的容器内，然后加水稀释到 1000mL 备用。

③ 苏丹Ⅲ乙醇溶液　称取苏丹Ⅲ约 0.4g 于 100mL95%的乙醇中，配成饱和溶液。

④ 亚甲基蓝甲醇溶液　称取 0.3125g 亚甲基蓝溶解于盛有 250mL 甲醇的 500mL 烧杯中，搅拌约 10min，然后静置 20～25min，使不溶解颗粒全部沉淀下来。

⑤ 曙红甲醇溶液　称取 0.3125g 曙红溶解于盛有 250mL 甲醇的 500mL 烧杯内，搅拌 10min，然后静置 20～25min。

以上④和⑤两种染色剂经搅拌静置后，将上层清液一起倒入棕色试剂瓶内，使之充分混合，存放于避光处备用。在配制中若用工业酒精代替甲醇，也可以取得较为满意的使用效果。

（3）操作方法

① 品红石炭酸溶液染色法 称取标准样品和试样各 20g，从中不加挑选地各数出整米 50 粒，分别放入两个蒸发皿内，用清水洗去浮糠。倒出清水，各注入品红石炭酸溶液数毫升，淹没米粒，浸泡约 20s，米粒着色后，倒出染色液，用清水洗 2～3 次，根据颜色对比留皮程度。米粒留皮部分呈红紫色，胚乳部分呈浅红白色。

② 苏丹Ⅲ乙醇溶液染色法 按上法数出整米 50 粒，用苏丹Ⅲ乙醇溶液浸没米粒，然后置于 70～75℃水浴中加温约 5min，使米粒着色。然后倒出染色液，用 50%乙醇洗去多余的色素。皮层和胚芽呈红色，胚乳部分不着色。

③ 亚甲基蓝-曙红染色法（EMB 染色法） 从平均样品中称取试样 20g，然后从中不加挑选取出整米 50 粒和从标准样品中取出 50 粒，分别放入两个培养皿中，用水漂洗 3 次，以除去粒面附着的浮糠，然后倒入染色槽浸没米粒，染色 2min，轻轻摇动，避免剧烈振动，以免将粒面上糠皮除去，倒掉染色槽，用水洗 3 次，在清水中或用滤纸吸干水分后对比观察其脱皮程度，胚乳呈粉红色，糠皮和胚芽呈蓝色。不同精度米粒用 EMB 染色后的示意图见图 2-4。图中黑色（实际为蓝绿色）表示糠皮，白色（实际为粉红色）代表胚乳。

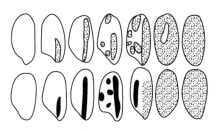

图 2-4 不同精度米粒用 EMB 染色后的示意图

由于此法使胚乳和皮层、胚芽分别呈现不同颜色，色差大，所以易于肉眼观察判断。

3．说明

各类大米按加工精度分为四等，以国家制定的精度标准样品对照检验、在制定精度标准样品时，要参考下述文字规定。

（1）特等 背沟有皮，粒面米皮基本去净的占 85%以上。

（2）标准一等 背沟有皮，粒面留皮不超过 1/5 的占 80%以上。

（3）标准二等 背沟有皮，粒面留皮不超过 1/3 的占 75%以上。

（4）标准三等 背沟有皮，粒面留皮不超过 1/2 的占 70%以上。

四、思考与讨论

① 大米的物理品质检验包括哪些项目？

② 大米的加工精度检验方法原理是什么？

③ 如何根据加工精度判断大米的等级？

实验二　大米的胶稠度和碱消度检验

一、实验目的和要求

① 掌握大米胶稠度的测定方法。

② 掌握大米碱消度的测定方法。

二、实验仪器、试剂及原料

1. 实验仪器

高速样品粉碎机；孔径 0.15mm 筛；振荡器；分析天平（感量 0.0001g）；试管（13mm×100mm）；电冰箱及冰浴箱；沸水浴箱及水平操作台；直径为 1.5cm 的玻璃弹子球；实验砻谷机、实验碾米机；水平尺、坐标纸等。测大米胶稠度用。

内径 55mm 培养皿，测大米碱消度用。

2. 试剂

0.025g/100mL 麝香草酚蓝-乙醇溶液：称取 125mg 麝香草酚蓝溶于 500mL 95% 乙醇中。测大米胶稠度用。

0.2mol/L 氢氧化钾溶液，测大米胶稠度用。

1.4g/100mL 和 1.7g/100mL 氢氧化钾溶液。蒸馏水在配制前需经煮沸，并冷却，配好的溶液使用前至少存放 24h。测大米碱消度用。

3. 原料

几种不同等级的大米。

三、实验方法和步骤

1. 大米胶稠度的测定

胶稠度是指稻米胚乳的 4% 米胶的稠度（延展性）。胶稠度所表示的是淀粉糊化和冷却的回升趋势。它是一种简单、快速而准确地测定米淀粉胶凝值的方法。胶稠度测定一般采用米胶延伸法。

（1）试样制备　将精米（精度为国家标准一等）样品置于室温下 2 天以上以平衡水分，取约 5g 磨碎为米粉，过孔径 0.15mm 筛，装于广口瓶中备用。

（2）米粉水分测定　米粉水分测定采用烘干法或 105℃ 恒重法。

（3）溶解样品和制胶　称取通过孔径 0.15mm 筛的米粉试样两份，每份 100mg（按含水量 12% 计，如含水量不为 12% 时，则进行折算，相应增加或减少试样的称量）于试管中，加入 0.2mL 0.025g/100mL 麝香草酚蓝溶液，并轻轻摇动试管，使米粉充分分散，再加 2.0mL 0.2mol/L 氢氧化钾溶液，并摇动试管，置于振荡器上使米粉充分混合均匀，紧接着把试管放入沸水浴中，用玻璃弹子球盖好试管口，加热 8min，控制试管在水浴中深度为试管高度的三分之一，三分之二就在水面上，使管中液体沸腾时向上溅沸的高度达试管高度的三分之二为好。到时取出试管，拿去玻璃弹子球，静置冷却 5min。再将试管放在 0℃左右的冰水浴中冷却 20min 取出。

（4）水平静置试管　将试管从冰浴中取出，立即水平放置在铺有坐标纸、事先调好水平的操作台上，在室温（25±2℃）下静置 1h。

（5）测量米胶长度。

2. 大米碱消度的测定

碱消度是指米粒在一定碱溶液中膨胀或崩解的程度。它是一种简单、快速而准确地间接测定稻米糊化温度的方法。

操作方法如下：将 7 粒标准一等米等距离分散放在内径 55mm 培养皿中，籼米注入 1.7g/100mL 氢氧化钾溶液 10mL；粳米注入 1.4g/100mL 氢氧化钾溶液 10mL，加盖，在恒定室温下（21～30℃）静置 23h，然后观察分级。

四、结果计算

1. 大米的胶稠度

及时测量米胶在试管内流动的长度（mm），读数。

双试验结果允许差不超过 7mm，取其平均值，即为检验结果，结果取整数。

2. 大米碱消度

米粒在一定碱溶液中膨胀或崩解的程度可以通过 7 级标准加以评定，见表 2-4。

表 2-4　碱消度分级标准

等级	散裂度	清晰度
1	米粒无影响	米粒似白垩状
2	米粒膨胀	米粒白垩状，环粉状
3	米粒膨胀，环完整，窄	米粒白垩状，环棉絮状或云状
4	米粒膨胀，环完整，宽	中心棉絮状，环云状
5	米粒开裂或分离，环完整，宽大	中心棉絮状，环渐消失
6	米粒解体与环结合	中心云状，环消失
7	米粒完全消散并混合	中心及环消失

稻米碱消度级别根据下列公式计算：

$$碱消度级别 = \frac{7粒米级别之和}{7}$$

计算结果取小数点后一位，取双试验结果的平均值。

碱消度与糊化温度的关系：碱消度 1～3 级的糊化温度高于 74℃；碱消度 4～

5 级的糊化温度为 70～74℃；碱消度 6～7 级的糊化温度低于 74℃。

五、注意事项

① 大米胶稠度是将大米粉加热糊化，然后在特定条件下冷却测其米胶的长度，米胶越长，胶稠度越大。各类大米胶稠度在一定的范围内与米饭食味品尝评分值呈正相关，可用作评价大米食味的一项指标。

② 米的碱消度主要由米淀粉对碱的抵抗性决定，也与米组织的碱度、致密度有关。此外，陈米比新米对碱的抗性大，未熟粒比成熟粒对碱的抗性小。

碱消度大的米，米饭的黏度也大，很易消解的米黏度小。通常情况下米饭的黏度大，食味好，因此碱消度大的米食味好，碱消度小的和碱消度很大的米食味差。因此碱消度可用作评价稻米食味的项目。这与国际水稻研究所提倡种植中等糊化温度的稻米是一致的。

③ 稻米的碱消度与糊化温度呈密切负相关。

④ 因为碱对糙米不起显著作用，尤其要区别高的及中等糊化温度是很困难的，故必须用标一米作样品。

⑤ 米粒被碱消解过程中及观察时发生移动，将破坏其散裂度、清晰度（环的完整及米粒形状），影响级别的评定。因此，在碱消解过程中直至观察评级过程中样品不得移动。

⑥ 由于商品稻米品种混杂，甚至同一样品中新陈不一，致使一份样品中各米粒的碱消度的级别可能不同。因此，商品稻米须用七粒米，结果取七粒米级别数之和的平均值。

六、思考与讨论

① 大米胶稠度和碱消度与大米淀粉的哪些性质相关？
② 大米胶稠度和碱消度与大米食味的关系？

实验三　大米蒸煮品质及米饭的质构检验

一、实验目的和要求

① 掌握大米蒸煮品质的测定方法。
② 掌握米饭质构的测定方法。

二、实验仪器、试剂及原料

1. 实验仪器

小型砻谷机，小型碾米机，单屉蒸锅（26～28cm），白瓷盘（32cm×22cm），电炉 2kW，带盖铝盒（60mL 以上，也可采用 2mL 注射器铝盒），量筒（15mL），天平（感量 0.01g）。测大米蒸煮品质用。

质构仪，测米饭质构用。

2．原料

陈米，新米，几种不同等级或不同品种的大米。

三、实验方法和步骤

1．大米蒸煮品质评定

大米蒸煮后感官鉴定米饭的气味、色泽、外观结构、适口性及滋味，结果以综合评分表示。

（1）大米试样准备　称取 500g 稻谷，用小型砻谷机去壳得到糙米，再在小型碾米机上制成所需等级的大米。商品大米直接分取试样。

为了客观反映大米蒸煮品质的优劣，试样编号与用于蒸煮米饭的带盖铝盒的盒号应随机编排，不要带有规律性地编排。

（2）米饭试样制备

① 称样　称取 10g 试样于铝盒中，按参加品评人数每人一盒。

② 洗米　用约 30mL 水搅拌淘洗一次，再用 30mL 蒸馏水冲洗一次，尽量倾干水。

③ 加水　籼米加蒸馏水 15mL，粳米加蒸馏水 12mL，糯米加蒸馏水 10mL，加盖。

④ 蒸煮　将盛水的铝锅置于 2kW 电炉上加热至水沸腾，将盖好盖盛有试样的铝盒放在蒸屉上，盖好锅盖，继续加热并开始计时，蒸煮 40min，停止加热，闷 10min。

将制成的不同试样的米饭盒放在白瓷盘上（每人一盘），供品尝。

（3）品评内容、顺序、评分及结果表示

① 品评内容　品评米饭的色、香、味、外观性状、适口性（包括黏性、弹性、硬度）及滋味等项。其中以气味、适口性为主。同时按 2-5 表所示做品尝评分记录。

表 2-5　品尝评分记录表　　年　月　日　品尝人员

样号	盒号	气味（25分）	色泽（10分）	外观结构（10分）	适口性（30分）	滋味（25分）	综合评分	备注
1								
2								
3								

② 品尝顺序　先趁热打开盒盖鉴定米饭气味，然后观察米饭色泽、外观结构，再经口咀嚼，品尝评定适口性及滋味，将各项得分相加即为综合评分。

③ 品评要求　品评人员以 5～10 人组成为宜。

品评应在专门的房间进行，品评房间在 15m² 左右时应装有四支 40W 日光灯，灯管距品评桌面约 1.5m，品评人员每人一座，在室温（20～25℃）下进行品评，品评时应保持安静，无干扰。

品评时间最好在饭前 1h 或饭后 2h 进行，品尝前不得吸烟或吃糖。

品尝前品评人员应用温水漱口，把口中残留物去净。

品评试样每次不超过 8 份，以避免品评人员疲劳。

品评时应一人一盒米饭，不能互相讨论，以免相互影响，主持人也不要向品评人员介绍试样质量情况。

（4）评分　根据米饭的气味、外观结构、色泽、适口性及滋味对照评分参考样品进行综合评分。综合评分以品质一般正常者为 60 分，优于一般者为 61～70 分，较好者 71～80 分，优良者 90 分以上。具有不正常气味、滋味者可评为 50 分以下，有严重异味者可评为 0 分。品评时应考虑当地大多数人的食用习惯。凡综合评分在 60 分以上即为大多数消费者所能接受的，而综合评分在 60 分以下的即为大多数消费者所不能接受的。

2．米饭的质构测定

（1）米饭质构仪的结构　米饭质构仪结构如图 2-5 所示。由记录仪、平衡桥、积分仪、电机、咀嚼器、载物台、传感器等部分构成。

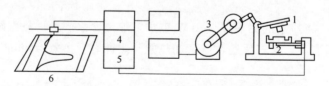

图 2-5　米饭质构仪结构示意图

1—咀嚼器；2—载物台；3—电机；4—平衡桥；5—积分仪；6—记录仪

记录仪为了迅速精确记录样品在变形过程中极微量的作用力，采用 1/4s 为一刻度单位；记录纸的走速较快，每分钟 750、1500mm；平衡桥用来调节记录仪起点位置平衡，试样托盘后偏度计有一定程度的偏向反应；积分仪将记录下来的数据积分值自动进行计算，与测定本身无直接关系；电机分为两挡，根据不同的样品可调节咀嚼次数；咀嚼部分是由托盘、特殊铝合金制成的柱、偏度计及冲压杆等组成。冲压杆将托盘里的样品捣压变形时，作用于样品的力，传感到铝合金柱上的偏度计上而反映出来。

（2）操作步骤　称取 20g 标准一等米，置于金属网内淘洗 3～4 次，洗除米糠，放入铝杯（底直径 60mm，口径 70mm，高 20mm）中，加入相当米体积 1.1～1.3 倍的水，在 25℃温度下浸泡 30min，然后在 1.8L 容量的电饭锅内加入大约能蒸

20min 的水量，将 5 个准备好的铝杯放入锅内，排成圆形，不可与锅壁接触。蒸 10min 后，取出在 20～25℃温度下放置 1～3h 供测试用。仪器的臂杆上牢固地装着直径 22mm 的冲压杆，试样托盘直径 100mm，工作时间隙 0.2mm，电压 2V，记录纸走速 750mm/min，咀嚼速度 6 次/min，然后将饭粒三粒三粒地排放在托盘中部的放射线上测定。

四、实验结果

1．大米蒸煮品质

根据每个品评人员的综合评分结果计算平均值，个别人员品评误差较大者（超过平均值 10 分以上）可舍弃，舍弃后重新计算平均值。最后以综合评分的平均值作为稻米蒸煮试验品质的评定结果，计算结果取整数。

2．米饭的质构测定结果

米饭质构曲线中硬度（H）为 1V 当量值，黏附力（$-H$）为 5V 当量值。米饭质构曲线如图 2-6 所示。

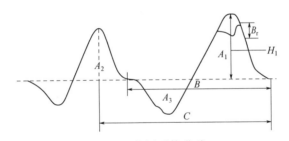

图 2-6 米饭质构曲线

H_1—硬度；A_2/A_1—凝聚性；A_3—黏附力；$C-B$—弹性；B_r—脆性

硬度（H）是规定为 1V 时咀嚼时曲线轮廓的高度。黏附力是第一次咀嚼后基线下的负峰面积的任意单位（A_3），代表冲压杆自样品拉起时所做的必要的功。凝聚性是第二峰的面积和第一峰面积比值（A_2/A_1）。弹性（$C-B$）是外力引起变形去力时复原的特性。测定值是根据一个杯中米饭三粒样品重复测定五次，取一个杯的平均值，用两个杯以上测定的平均值再作平均求得。一般食味与质构仪测得的米饭质地的关系见表 2-6。

表 2-6 食味与质构仪测得的米饭质地的关系

项 目	食味好	食味不好
硬度（H）	小	大
黏附力（$-H$）	大	小
硬度（H）/黏附力（$-H$）	小	大

由上所述可以看出硬度与黏度呈负相关，通常，饭硬则黏性小，反之，饭软则黏度大。

因此，硬度与黏度之比就能反映出该米饭食味的好坏。因此，质构仪的米饭质构曲线是衡量米饭结构的较好的指标。

五、思考与讨论

① 陈米与新米的蒸煮品质有何不同？
② 大米的品种对蒸煮品质有何影响？
③ 米饭的质构与食味的关系？

实验四　成品粮的糊化性质测定

一、实验目的与要求

① 掌握用 RVA 快速黏度仪测定大米与小麦粉糊化性质的方法。
② 理解各糊化参数的含义。

二、实验仪器、原料

1. 实验仪器

RVA 快速黏度仪。

2. 原料

大米磨成粉，过 100 目筛，备用；糕点粉、面包粉。

三、实验方法和步骤

按照国际谷物科技协会的方法（ICC Standard No.162）和美国谷物化学家协会的方法（AACC 66-21）进行测定。测试条件见表 2-7。为了保证测试结果的可靠性，应根据大米试样的实际水分，按 14%水分校正，以确定称样量。

表 2-7　糊化特性的测试条件

时间	项目	设定值
00：00：00	温度	50℃
00：00：00	搅拌器转速	960r/min
00：00：10	搅拌器转速	160r/min
00：01：00	温度	50℃
00：04：42	温度	95℃
00：07：12	温度	95℃
00：11：00	温度	50℃
00：13：00	温度	50℃

注：空载温度为(50±1)℃。测试结束时间 13min。读数间隔时间 4s。

测定方法如下。

① 开启 RVA，预热 30min。开启联用的计算机，运行 RVA 控制软件并输入测试程序。输入文件名以便存储资料。

② 量取(25.0±0.1)mL 蒸馏水（应按 14%湿基根据试样水分补偿）移入新样品筒中。

③ 用 Newport 样品磨（带 0.5mm 的筛网）粉碎一份有代表性的试样。以称量皿称取(3.00±0.01)g 粉碎的大米试样（14%湿基）并转移到样品筒内的水面上。

④ 将搅拌器置于样品筒中并用搅拌器桨叶在试样中上下剧烈搅动 10 次。若在水面上仍有团块或黏附搅拌器桨叶上，可重复此步操作。

⑤ 将搅拌器插入样品筒中并将样品筒插接到仪器上。按下塔帽，启动测量循环。测试结束后，取下样品筒并将其丢弃。

⑥ 记录各糊化参数。

四、实验结果

画出大米粉和小麦粉的糊化曲线，并说明各参数的意义。

五、注意事项

为获得最佳结果，试样用量和加水的数量均应按试样的水分进行校正以得到恒定的干重。通常以 14%湿基为准，可向新港公司索取校正表。校正到 14%湿基的公式为：

$$M_2=(100-14)\times M_1/(100-W_1)$$

$$W_2=25.0+(M_1-M_2)$$

式中 M_1——与校正表所列的物料相应的试样质量，g；

M_2——校正的试样质量，g；

W_1——每百克试样的实际水分含量，g；

W_2——校正的加水量，mL。

快速黏度分析仪（RVA）是澳大利亚科研人员于 20 世纪 80 年代为在田间研究小麦穗上发芽的快速检测技术而研制开发的一种由计算机和专用软件控制的现代化旋转式黏度测试仪器，用于替代降落值仪。由于 RVA 具有样品用量少（3～5g）、操作简便、测试快速、试样的温度变化均匀、测量结果可用厘泊（cP）或快速黏度分析仪单位（RVU）表示、对环境条件的要求简单、可按需要通过计算机对温度和转速进行准确调节与控制等一系列优点，而且其测试结果与传统的 Brabender 黏度测定仪有良好的可比性，已被各国科学家广泛用于各种与黏度变化相关的粮食品质研究，例如评价大米、小麦粉、玉米天然淀粉和变性淀粉的质量，研究配料对烘焙产品质量的影响，研究挤压膨化物料的熟化过程与熟化度，小麦育种过程中的品质评价，淀粉酶和纤维素酶的活性分析以及大麦储存品质和储存寿命的预测等。有些测试方法已被国际谷物科技协会（ICC）和美国谷物化学家协会（AACC）等国际知名专业化组织批准作为标准方法使用。

六、思考与讨论

大米粉的回生值与小麦粉的回生值有何不同？

实验五　小麦面粉面筋含量的测定

一、实验目的与要求

① 理解小麦面筋的定义。

② 掌握小麦面粉面筋的测定方法。

二、实验仪器、试剂

1. 实验仪器

（1）面筋仪（用于机械洗法）　主要由洗涤皿、筛网、搅拌器、搅拌轴、电机及控制系统、冲洗装置、定时控制装置部分组成（图 2-7）。主要技术参数：搅拌器转速 120r/min，洗涤小麦粉量 10g，洗涤液流量 50～54mL/min，筛网为 CB33。

（2）塑料杯或玻璃杯（用于机械洗法承接洗涤液）　500～600mL。

（3）离心排水机　带对称筛板，转速 3000r/min，转 2min 自停或转速 6000r/min，转 1min 自停。

（4）天平　感量 0.01g。

（5）玻璃瓶（盛氯化钠洗涤液用，下端带出口）　5L。

（6）滴定管　10～25mL，分刻度为 0.05mL。

（7）搪瓷碗　ϕ10～15cm。

（8）玻璃棒或牛角匙。

（9）挤压板（面筋排水用）　9cm×16cm，厚度为 3～5mm，周围粘贴厚度约 0.3～0.4mm 的胶布（纸），两块配套使用。

（10）带筛绢的筛具（用于手洗法）30cm×40cm，底部绷紧 CQ20 筛绢，筛框用木制或金属制均可。

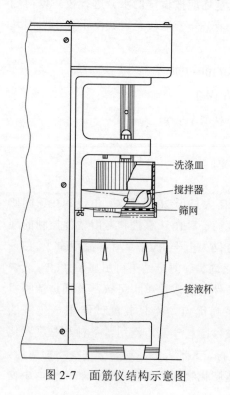

洗涤皿
搅拌器
筛网

接液杯

图 2-7　面筋仪结构示意图

（11）毛玻璃盘 约 40cm×40cm。

（12）秒表。

（13）金属镊子。

（14）滤纸（滤纸法烘干面筋称量用） $\phi9\sim11$cm。

（15）电烘箱（滤纸法烘干面筋用） 100℃。

（16）干燥器（制干面筋用） 内盛有效干燥剂。

（17）烘干炉（面筋烘干专用设备） 内装有二块涂有特富龙不粘层的夹板，可控温(150±2)℃。

2．试剂

（1）20g/L 氯化钠缓冲液 200g 氯化钠溶于水中，加 7.54g 磷酸二氢钾（KH_2PO_4）和 2.46g 磷酸氢二钠（$Na_2HPO_4 \cdot 2H_2O$），用水稀释至 10L，pH5.9～6.2。

（2）碘-碘化钾溶液 称取 0.1g 碘和 1.0g 碘化钾，用水溶解后再加水至 250ml。用于检查淀粉是否洗净。

三、实验步骤

1．湿面筋测定

（1）面筋仪洗涤法

① 仪器准备及调整 调整制备面团的混合时间为 20s，洗涤时间为 5min。将洗涤器清洗干净。垫上筛网，用少许氯化钠缓冲液湿润筛网，放好接液杯。

② 称样及制备面团（同时可以测定两个面团样品） 称取(10.00±0.01)g 小麦粉样品于洗涤皿，加入氯化钠缓冲溶液 4.6～5.2mL，将洗涤皿放置仪器固定位置上，启动仪器，搅拌 20s 和成面后自动进行洗涤。

测定全麦粉湿面筋或面筋质量差的小麦粉（按上述操作难以成团，形成碎块的小麦粉）：称样(10.00±0.01)g 于小搪瓷碗中，加入 4.5mL 氯化钠缓冲溶液，用牛角匙或玻璃棒和面成面团球，将面团球置毛玻璃板上，用手将面团滚成 7～8cm 长条，再叠拢，再滚成长条，重复五次，然后将面团揉成球状放入洗涤皿，启动仪器进行洗涤。

③ 仪器自动按 50～54mL/min 的流量用氯化钠缓冲溶液洗涤 5min，自动停机，卸下洗涤皿，取出面筋。需用溶液 250～280mL。

④ 将上述洗出的面筋再用手在自来水水流下洗涤 2min 以上，洗涤全麦粉面筋须适当延长，洗涤后用碘液检查湿面筋的挤出水呈微蓝色时，洗涤即可结束。

⑤ 排水

A．离心排水 将洗出的面筋球分别置离心机的两个筛片上，离心脱去表面附着水。

B．挤压板排水 如没有离心机，可用挤压板排水，将洗出的面筋球放在挤压板上，压上另一块挤压板挤面筋（约 5s），每压一次后取下一块挤压板用干纱布擦干，重复压挤 15 次。

⑥ 湿面筋称量 用镊子取出离心或挤压排水后的面筋，称量湿面筋质量，精确至 0.01g。

⑦ 清洗仪器 每天试验结束后，须用蒸馏水洗涤仪器。

（2）盐水洗涤法

① 称样及和面 称取小麦粉样品(10.00±0.01)g 于小搪瓷碗中，加入 4.6～5.2mL 氯化钠缓冲溶液，同上制备面团。

② 洗涤 将面团放在手掌中心，从盛有氯化钠缓冲溶液的容器中放出氯化钠缓冲溶液滴入面团，以每分钟约 50mL 流量，洗涤 8min，洗涤过程另一只手的手指不断压挤面团，反复卷叠滚团。洗涤时为防止面团及碎面筋损失，操作应在绷有筛绢的筛具上进行，用氯化钠缓冲溶液洗涤后，再用自来水揉洗 2min 以上（测定全麦粉面筋须适当延长时间），至面筋挤出液用碘液检验呈微蓝色时，洗涤即可结束。

③ 检查 将面筋放搪瓷碗中，加入清水约 5mL，用手揉捏数次，取出面筋，在水中加入碘液 3～5 滴，混匀后放置 1min，如已洗净，则此水溶液不呈蓝色，否则应继续用自来水洗涤。

④ 排水、称量同面筋仪洗涤法中的⑤、⑥。

（3）水洗法

① 称样 从平均样品中称取定量试样，特制一等粉称 10.00g，特制二等粉称 15.00g，标准粉称 20.00g，普通粉称 25.00g。

② 将试样放入洁净的搪瓷碗中，加入相当试样一半的室温水（20～25℃），用玻棒搅和，再用手和成面团，直到不粘碗、不粘手为止。然后放入盛有水的烧杯中，在室温下静置 20min。

③ 洗涤 将面团放手上，在放有圆孔筛的脸盆的水中轻轻揉捏，洗去面团内的淀粉，麸皮等物质。在揉洗过程中须注意更换脸盆中清水数次（换水时须注意筛上是否有面筋散失），反复揉洗至面筋挤出的水遇碘液无蓝色反应为止。

④ 排水、称量同面筋仪洗涤法中的⑤、⑥。

2．干面筋测定

（1）滤纸法 将湿面筋放在已烘干称量（准确至 0.01g）的滤纸上，并摊成薄片状，然后放入 130℃电烘箱内 30min，取出置干燥器内冷却至室温，称量干面筋和纸的总量，精确至 0.01g，总量减去纸的质量即为干面筋质量。

（2）烘干炉法　烘干炉预热 10min 后，将湿面筋球放在烘干炉的夹板中，盖紧，烘干 4min，取出置干燥器冷却至室温，称量，准确至 0.01g。

（3）烘箱法　将已称量的湿面筋在表面皿或滤纸上摊成一薄片状，一并放入 105℃电烘箱内烘 2h 左右，取出冷却称重，再烘 30min，冷却称重，直至两次重量差不超过 0.01g，得干面筋和表面皿（或滤纸）共重。

四、实验现象或结果

1．湿面筋含量计算

以含水量为 14%的小麦粉含有湿面筋的百分率表示，按公式（1）计算。

$$湿面筋百分率 = \frac{W_1}{W} \times \frac{86}{100 - M} \times 100\% \tag{1}$$

式中　W_1——湿面筋质量，g；

　　　W——试样质量，g；

　　　M——每百克小麦粉含水分质量，g；

　　　86——换算为 14%基准水分试样的系数。

用同一试样进行两次测定。湿面筋两次测定结果之差不应超过 1.0%，以平均值作为测定结果，取小数点后一位数。

2．干面筋含量计算

以含水量为 14%的小麦粉含有干面筋的百分率表示，按公式（2）计算。

$$干面筋百分率 = \frac{W_干}{W} \times \frac{86}{100 - M} \times 100\% \tag{2}$$

式中　$W_干$——干面筋质量，g；

　　　W——试样质量，g；

　　　M——每百克小麦粉含水分质量，g；

　　　86——换算为 14%基准水分试样的系数。

干面筋两次测定结果差不超过 0.5%，以平均值作为测定结果，取小数点后一位数。

五、注意事项

① 注意在洗面筋时不要损失。

② 注意洗面筋时用碘遇淀粉变蓝色的特性来判断是否清洗完全。

六、思考与讨论

① 和好面团后为什么要洗涤前静置 20min？

② 面筋主要由哪些物质组成？

实验六　小麦粉吸水量和面团揉和性能测定

一、实验目的与要求

① 理解小麦粉吸水量和面团揉和性能参数的定义，学会阅读粉质曲线。

② 掌握小麦粉吸水量和面团揉和性能的测定方法。

二、实验仪器、试剂

1. 实验仪器

（1）粉质仪（图 2-8）　主要由揉面钵（包括两个反向运动的和面刀）、测力计、杠杆系统、油阻尼器、滴定管、记录器、恒温水浴等部分组成。其主要参数如下。

① 快和面刀转速为(63±2)r/min，慢和面刀转速为(31.5±1)r/min。

② 揉面钵中两个和面刀转速比：1.5±0.01。

③ 记录纸行进速度　(1.00±0.03)cm/min。

④ 1 粉质单位（F.U.）的转矩　300g 揉面钵的转矩为(9.8±0.2)mN·m/F.U.。50g 揉面钵的转矩为(1.96±0.04)mN·m/F.U.。

图 2-8　粉质仪

（2）滴定管

① 用于 300g 揉面钵的滴定管，起止刻度线为 135～225mL，刻度间隔 0.2mL，225mL 排水时间不超过 20s。

② 用于 50g 揉面钵的滴定管，起止刻度线为 22.5～37.5mL，刻度间隔 0.1mL，37.5mL 排水时间不超过 20s。

（3）天平　感量 0.1g。

（4）软塑料刮片。

2．试剂

蒸馏水，或纯度与之相当的水。

三、实验步骤

1．仪器准备

① 打开恒温水浴和循环水开关，将揉面钵升温到(30±0.2)℃，实验中应经常检查温度。

② 用一滴水润滑揉面器和面刀和后壁间的缝隙，开动揉面器，借助仪器左侧的零位调节器使测力计指针指到零位，如指针零位偏差超过 5 粉质单位（F.U.），进一步清洗揉面钵或寻找其他原因。调整笔臂使记录笔在图纸的读数与测力计指针读数一致，关停揉面钵。

③ 用手抬起杠杆使记录笔停在 1000F.U.位置，松手放开杠杆，用秒表测量记录笔从 1000F.U.摆至 100F.U.的时间，测出时间应为(1.0±0.2)s，否则应调节油阻尼器连杆上的滚花螺帽。调节时按顺时针方向调节，可降低摆动速度，使曲线波带变窄；按反时针方向调节，可加快摆动速度，使曲线波带变宽。测定曲线峰值宽度以 70～80F.U.为宜。

④ 用(30±5)℃的蒸馏水注满滴定管。

2．水分测定

按 GB-5497 测定小麦粉水分。

3．操作步骤

① 根据所测小麦粉水分含量查表（表 2-8），称取质量相当于 50g 或 300g 含水量为 14%的小麦粉样品，准确至 0.1g。

② 将样品倒入选定的粉质仪揉面钵中（一般用 50g 揉面钵），盖上盖（除短时间加蒸馏水和刮粘在内壁的碎面块外，实验中不要打开有机玻璃覆盖）。

③ 按下电源开关，启动揉面钵的和面刀，将转速开关放在快速挡，放下记录笔，揉面 1min 后打开揉面钵有机玻璃盖子。立即用滴定管自揉面钵右前角加水（加水量按能获得峰值中线值于 500F.U.±20F.U.的粉质曲线而定），蒸馏水必须在25s 内加完，盖上有机玻璃盖子，用刮片将粘在揉面钵内壁的碎面块刮入面团（不停机）。面团揉和至形成峰值后，观察峰值是否在 480～520F.U.之间。否则，即停止揉和，在清洗揉面钵后重新测定。峰值过高，可增加水量，峰值过低则减少水量。应用 50g 揉面钵，每改变峰值 20F.U.约相当于 0.4mL 水；应用 300g 揉面钵，每改变峰值 20F.U.约相当于 2.1mL 水。

④ 如形成的峰值在 480～520F.U.之间，则继续揉和，一般小麦粉的曲线峰值在稳定一段时间后逐渐下降，在开始明显下降后，继续揉和 12min，实验结束。记录仪绘出粉质曲线（揉和全过程）。

表 2-8 称样校正表（相当于 50 g 或 300 g 含水量 14%的基准小麦粉质量）

水分/%	应称取小麦粉质量/g		水分/%	应称取小麦粉质量/g		水分/%	应称取小麦粉质量/g	
	300g 钵	50g 钵		300g 钵	50g 钵		300g 钵	50g 钵
9.0	283.5	47.3	12.1	293.5	48.9	15.2	304.2	50.7
9.1	283.8	47.3	12.2	29.38	49.0	15.3	304.6	50.8
9.2	284.1	47.4	12.3	294.2	49.0	15.4	305.0	50.8
9.3	284.5	47.4	12.4	294.5	49.1	15.5	305.3	50.9
9.4	284.8	47.5	12.5	294.9	49.1	15.6	305.7	50.9
9.5	285.1	47.5	12.6	295.2	49.2	15.7	306.0	51.0
9.6	285.4	47.6	12.7	295.5	49.3	15.8	306.4	51.1
9.7	285.7	47.6	12.8	295.9	49.3	15.9	306.8	51.1
9.8	286.0	47.7	12.9	296.2	49.4	16.0	307.1	51.2
9.9	286.3	47.7	13.0	296.6	49.4	16.1	307.5	51.3
10.0	286.7	47.8	13.1	296.9	49.5	16.2	307.9	51.3
10.1	287.0	47.8	13.2	297.2	49.5	16.3	308.2	51.4
10.2	287.3	47.9	13.3	297.6	49.6	16.4	308.6	51.4
10.3	287.6	47.9	13.4	297.9	49.7	16.5	309.0	51.5
10.4	287.9	48.0	13.5	298.3	49.7	16.6	309.4	51.6
10.5	288.3	48.0	13.6	298.6	49.8	16.7	309.7	51.6
10.6	288.6	48.1	13.7	299.0	49.8	16.8	310.1	51.7
10.7	288.9	48.2	13.8	299.3	49.9	16.9	310.5	51.7
10.8	289.2	48.2	13.9	299.7	49.9	17.0	310.8	51.8
10.9	289.6	48.3	14.0	300.0	50.0	17.1	311.2	51.9
11.0	289.9	48.3	14.1	300.3	50.1	17.2	311.6	51.9
11.1	290.2	48.4	14.2	300.7	50.1	17.3	312.0	52.0
11.2	290.5	48.4	14.3	301.1	50.2	17.4	312.3	52.1
11.3	290.9	48.5	14.4	301.4	50.2	17.5	312.7	52.1
11.4	291.2	48.5	14.5	301.8	50.3	17.6	313.1	52.2
11.5	291.5	48.6	14.6	302.1	50.4	17.7	313.5	52.2
11.6	291.9	48.6	14.7	302.5	50.4	17.8	313.9	52.3
11.7	292.2	48.7	14.8	302.8	50.5	17.9	314.3	52.4
11.8	292.5	48.8	14.9	303.2	50.5	18.0	314.6	52.4
11.9	292.8	48.8	15.0	303.5	50.6			
12.0	293.2	48.9	15.1	303.9	50.6			

⑤ 清洗揉面钵 取下揉面钵外套件，并放于温水中浸泡。用湿纱布（或用细软毛刷）擦洗和面刀，并用软塑料刮片，刮出粘在和面刀缝隙里的面团，重复数次。然后，将转速开关放到慢速挡，双手同时按住开关，使和面刀转动，以露出缝隙里的面团。不断清洗、擦洗和面刀，直到和面刀转动时记录器的指针指向零位。同样用湿纱布（或细软毛刷、软刮片）擦洗取下的揉面钵外套件，清洗出粘在钵上的全部碎面团，再用干纱布擦干，装于仪器固定位置上，待用

（注意：切勿用酸、碱或金属件刮洗，彻底清洗和擦干揉面钵，是得到正确测定结果的保证）。

四、实验现象或结果

参见粉质曲线图（图 2-9）。

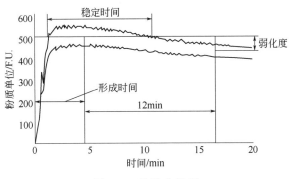

图 2-9 粉质曲线图

1．吸水量

吸水量是指以 14%水分为基础，每百克小麦粉在粉质仪中揉和成最大稠度为 500 粉质单位（F.U.）的面团时所需的水量，以 mL/100g 表示。

如测定的最大稠度峰值中线不是准确处于 500F.U.线上，而在 480～520F.U. 间，则须对实验过程加水量进行校正。

加水量校正按式（1）、（2）计算：

采用 50g 揉面钵：　　　　　　　$V_C = V + 0.016(c-500)$　　　　　　　（1）

采用 300g 揉面钵：　　　　　　 $V_C = V + 0.096(c-500)$　　　　　　　（2）

式（1）、（2）中　V_C——校正后的加水量，mL；

　　　　　　　　　V——实际加水量，mL；

　　　　　　　　　c——测定获得最大稠度的粉质曲线中线值，F.U.。如出现双峰则取较高的峰值。

吸水量按式（3）、（4）计算：

采用 50g 揉面钵：吸水量(mL/100g) $= (V_C + m - 50) \times 2$　　　　　　（3）

采用 300g 揉面钵：吸水量(mL/100g) $= (V_C + m - 300)/3$　　　　　　（4）

式（3）、（4）中　V_C——试样形成最大稠度为 500F.U.的面团时加入的水量或校正后的加水量，mL；

　　　　　　　　　m——试样量，即根据试样实际含水量查表 2-8 的实际称样量，g。

双试验测定结果差值不超过 1.0mL/100g，以平均值作为测定结果，取小数点后一位数。

2. 面团形成时间

从小麦粉加水开始到粉质曲线达到和保持最大稠度所需要的时间，参见图2-9，以分钟（min）表示，读数准确至 0.5min。

双试验测定结果差值不超过平均值的 25%，以平均值作为测定结果，取小数点后一位数。

在少数情况下粉质曲线出现双峰，以第二个峰值即将下降前的时间计算面团形成时间。

3. 面团弱化度

从面团形成获得最大稠度时粉质曲线的中线值与面团稠度衰变 12min 后的粉质曲线中线值的差值，称为弱化度，参见图 2-9，以 F.U.表示，读数准确至 5F.U.。

双试验测定结果差值不超定平均值的 20%，以平均值作为测定结果，取小数点后一位数。

4. 面团稳定时间

面团揉和过程粉质曲线到达峰值前第一次与 500F.U.线相交，以后曲线下降第二次与 500F.U.线相交并离开此线，两个交点相应的时间差值称为稳定时间，参见图 2-9，以分钟（min）表示，读数准确至 0.5min。

注：双试验测定结果差值不超过平均值的 25%，以平均值作为测定结果，取小数点后一位数。

五、注意事项

① 实验前粉质仪揉面钵必须达到一定的温度。

② 必须提前测定样品水分含量。

六、思考与讨论

① 除本试验所用方法外，你还了解其他测定小麦吸水量和面团揉和性能测定的方法吗？试举一例？

② 粉质仪测定与日常生活中的哪些现象比较相似？

实验七　小麦粉的降落数值及沉降值测定

一、实验目的与要求

① 掌握降落数值的测定方法。

② 掌握沉降值测定试剂的配制及测定方法。

二、实验仪器、试剂

1. 实验仪器

（1）降落数值测定仪（图 2-10） 由下列部件组成。

① 水浴装置　直径 15cm，高 20cm，带有冷凝装置和盖子，盖上有孔可放入黏度管架，并备有固定黏度管及搅拌器的胶木压座及黏度管胶木架座。

② 电加热装置　600W。

③ 金属搅拌器　包括一根有两个止动器的

图 2-10　降落数值测定仪

杆，杆下端有个小轮，搅拌器质量必须为(25±0.05)g，搅拌器装有胶木塞并可在塞孔中上下转动自如，搅拌器构成见图 2-11。

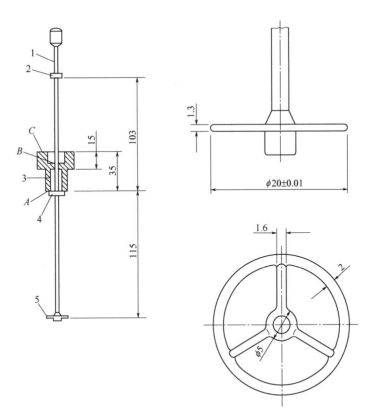

图 2-11　降落数值测定仪搅拌器构成示意图

1—杆；2—上止动器；3—胶木塞；4—下止动器；5—搅拌器轮

④ 黏度管　由特种玻璃制成，内径为(21±0.02)mm，外径为(23.8±0.25)mm，内壁高为(220±0.3)mm。

⑤ 搅拌器自动装置　该装置能控制搅拌器在特定距离间上下移动，移动速度为每秒上下各2次，搅拌结束时可自动将搅拌器提到下止动器和塞子接触的最高位置并自动松开和自由降落。如果没有自动装置亦可用手动控制。

⑥ 能发信号的自动计时器或秒表。

⑦ 橡皮塞。

⑧ 精密温度计　测量精度±0.2℃。

（2）加液器或吸移管（降落数值测定用）　容量(25±0.2)mL。

（3）粉碎机（降落数值测定制备样品用）　能将谷物粉碎使其粒度符合表2-9要求。

表 2-9　谷物粉碎粒度要求

筛孔/μm	筛下物/%
710	100
500	90～100
210～200	≤80

注：筛孔710μm约相当于GB2014-80规定的CQ10；筛孔500μm约相当于GB2014-80规定的CQ14；筛孔200μm相当于GB2014-80规定的CB30。

（4）粉碎机（沉降值测定制备样品用）　能使样品粉碎后，细度通过CQ24筛占95%以上的粉碎机均可。

（5）小型实验制粉机　沉降值测定制备样品用。

（6）筛子（降落数值测定用）　孔径800μm（约相当于GB 2014-80规定的CQ 9号筛）。

（7）天平　感量0.01g。

（8）量筒振摇器（沉降值测定用）　每个振动循环冲程60°，水平面上下30°。

（9）具塞量筒（沉降值测定用）　100mL，0～100mL之间刻度距离为180～185mm，量筒总高度不低于250mm。

（10）带刻度移液管（沉降值测定用）　容量25mL和50mL，符合ISO648—2008的规定，或使用自动移液器，排空时间10～15s。

（11）秒表　沉降值测定用。

2. 试剂

（1）蒸馏水　降落数值测定用。

（2）甘油或乙二醇　工业品（降落数值测定用）。

（3）异丙醇　工业品（降落数值测定用）。

（4）乳酸储备液（沉降值测定用） 85%乳酸(分析纯)：水=1：8，充分振荡混合后待用。

（5）SDS（十二烷基硫酸钠）（沉降值测定用） 99%结晶研究级。

（6）SDS-乳酸混合液（沉降值测定用） 取 20gSDS，用水溶解，转入 1000mL 的容量瓶中，加入 20mL 乳酸储备液并用水稀释至 1000mL，充分混合均匀，备用。

（7）溴酚蓝水溶液（沉降值测定用） 10mg 溴酚蓝溶于 1000mL 蒸馏水中。

三、实验步骤

1．降落数值

（1）试样制备

① 谷粒试样 取平均样品 200～300g 在粉碎机中磨碎，当留存在 710μm 筛的筛上物不超过 1%时可弃去，充分混匀筛下物。

② 面粉试样 用 800μm 筛筛理，使成块面粉分散均匀。

（2）试样水分含量测定 按 GB 5497 测定。

（3）称样

① 称样量必须按试样水分含量进行计算，使试样在加入 25mL 水后，其干物质与总水量（包括试样中的含水量）之比为一常数，在试样含水量为 15.0%时，试样量为 7.00g，精确至 0.05g；试样含水量高于或低于 15.0%时的称样量见表 2-10。

② 如要使不同试样测定的降落数值的差距增大,可将称样量改为相当于含水量为 15.0%时试样量为 9.00g 的量，见表 2-10。

（4）测定 将称好的试样倒入黏度管内，并将黏度管及试样倾斜成 45°，再用加液器或吸移管加入 25mL(20±5)℃的蒸馏水，立刻盖紧橡皮塞，用手连续猛烈摇动 20 次，必要时可增加摇动次数，得到均匀无粉状物的悬浮液。取下橡皮塞，立即将搅拌器插入黏度管中，并将管壁上黏着的悬浮物推入悬浮液中。

迅速将黏度管和搅拌器套入胶木管架并穿过水浴盖孔放入沸水浴中，立刻开启自动计时器，仪器上的胶木压座自动伸出压紧搅拌器上的胶木塞，黏度管浸入水浴 5s 后，搅拌器开始以每秒上下来回 2 次的速度在特定的距离内进行搅拌（即每个来回搅拌器的下止动器和上止动器分别碰到搅拌器胶木塞的底部 A 和上部的凹面 B，见图 2-11）。

搅拌至 59s 后，搅拌器提到最高位置，60s 时松开搅拌器，搅拌器自由降落。

当搅拌器上端降落至胶木塞上部 C 位置（见图 2-11）时，自动计时器给出信号并停止计时。记下自动计时器显示的全部时间（s）。同一试样测定两次。

表 2-10　称样量与水分含量换算表

试样含水量/%	称样量/g		试样含水量/%	称样量/g	
	相当于含水量15%时的7g试样量	相当于含水量15%时的9g试样量		相当于含水量15%时的7g试样量	相当于含水量15%时的9g试样量
9.0	6.40	8.20	13.6	6.85	8.80
9.2	6.45	8.25	13.8	6.90	8.85
9.4	6.45	8.25	14.0	6.90	8.85
9.6	6.45	8.30	14.2	6.90	8.90
9.8	6.50	8.30	14.4	6.95	8.90
10.0	6.50	8.35	14.6	6.95	8.95
10.2	6.55	8.35	14.8	7.00	8.95
10.4	6.55	8.40	15.0	7.00	9.00
10.6	6.55	8.40	15.2	7.00	9.05
10.8	6.60	8.45	15.4	7.05	9.05
11.0	6.60	8.45	15.6	7.05	9.10
11.2	6.60	8.50	15.8	7.10	9.10
11.4	6.65	8.50	16.0	7.10	9.15
11.6	6.65	8.55	16.2	7.15	9.20
11.8	6.70	8.55	16.4	7.15	9.20
12.0	6.70	8.60	16.6	7.15	9.20
12.2	6.70	8.60	16.8	7.20	9.25
12.4	6.75	8.65	17.0	7.20	9.30
12.6	6.75	8.65	17.2	7.25	9.35
12.8	6.85	8.70	17.4	7.25	9.35
13.0	6.80	8.70	17.6	7.30	9.40
13.2	6.80	8.75	17.8	7.30	9.40
13.4	6.85	8.80	18.0	7.30	

2. 沉降值

（1）试样制备

① 按照 GB 5491 规定取样。

② 全麦粉样品制备　分取 200g 小麦净样，根据小麦样品的实际含水量加水或晾晒，调节小麦样品的水分至大约 14%，加水调节需密闭 2～3h，然后用粉碎机粉碎，混合均匀，放入密闭容器中备用。

③ 小麦粉样品制备　分取 500g 小麦净样，按小麦制粉要求，软麦样品水分调节在 14%左右；硬麦样品水分调节在 15%～16%，用实验室小型实验制粉机制粉。

（2）测定水分　按 GB 5497 测定试样水分。

（3）称样　试样含水量为 14%时，全麦粉称样量为(6.00±0.01)g，小麦粉称样量为(5.00±0.01)g，如果试样含水量高于或低于 14%时，则须根据试样含水量换算为相当于含水量为 14%时的试样质量，按式（1）、（2）计算称样量。称量后试样转入干燥的具塞量筒中。

$$全麦粉称样量 = \frac{6.00 \times 0.86}{(100-m)} \times 100 \qquad (1)$$

$$小麦粉称样量 = \frac{5.00 \times 0.86}{(100-m)} \times 100 \qquad (2)$$

式中　m——100g 试样中含水分的质量，g。

（4）将称取的试样和配制的试剂，置于(22±1)℃的室温下，直至试样和试剂的温度与室温平衡，以得到准确结果。

（5）在称好试样的量筒中加入 50mL 溴酚蓝溶液，塞好塞子，开始计时，立即快速上下振摇 15s，竖立静置；于 2min 时再快速上下振摇 15s 并静置；4min 时迅速加入 50mL SDS-乳酸混合液，并立即上下颠倒四次，静置。以后每隔 2min，即在 6、8 和 10min 时，再分别上下颠倒四次并静置（如用量筒振摇器，则在加入溴酚蓝溶液后，塞好塞子置于振摇器上，按上述手工操作规定的程序自动进行振摇）。

（6）全麦粉样品在最后一次颠倒振摇后静置 20min 读出量筒中沉积物的毫升数，小麦粉静置 40min 后读出量筒中的沉积物毫升数。

（7）如测定样品数量较多，可采用四只量筒为一组同时进行两个样品双试验测定，并按照表 2-11 振摇时间表安排实验操作。

表 2-11　振摇时间表

量筒编号	（1）与溴酚蓝混合振摇 15s	（2）与溴酚蓝混合振摇 15s	（3）加入 50mL SDS 混合颠倒 4 次	（4）上下颠倒 4 次	（5）上下颠倒 4 次	（6）上下颠倒 4 次	（7）读数	
							全麦粉	面粉
1	0′00″	2′00″	4′00″	6′00″	8′00″	10′00″	30′00″	50′00″
2	0′30″	2′30″	4′30″	6′30″	8′30″	10′30″	30′30″	50′30″
3	1′00″	3′00″	5′00″	7′00″	9′00″	11′00″	31′00″	51′00″
4	0′30″	3′30″	5′30″	7′30″	9′30″	11′30″	31′30″	51′30″

同一样品至少测定两次。

四、实验现象或结果

1．降落数值

从黏度管放入水浴至搅拌器上止动器下降到达胶木塞上部为止所需的全部时间（s），即为"降落数值"。

如果两次测定的结果符合重复性两次测定结果之差不得超过平均值10%的要求，取其算术平均值即为测定结果，否则需再进行两次测定。

2. 沉降值

所读出沉积物的体积（mL），即为该样品的沉降值（结果表示到一位小数）。

两次测定结果符合重复性（同一分析者用相同的仪器，对同一试样同时或相继进行的两次测定结果之差不应超出 2mL）的要求，则取两次测定结果的算术平均值作为测定结果，如果不符合重复性要求，则重新进行两次测定。

同一样品在两个不同实验室测得的结果允许差规定如下：

对沉降值小于 20mL 的，其绝对差值不应超出 2mL；

对沉降值大于 20mL 的，其相对差值不应超出 10%。

五、注意事项

① 测定降落数值和沉淀值前，必须先测定样品的水分含量。

② 静置时间长短对沉降值测定结果有一定的影响，必须在规定的时间内准确读数。且目光要平视，否则会导致结果偏差。

六、思考与讨论

① 降落数值测定和沉降值测定的原理是什么？

② 如何准确测定小麦粉的降落数值和沉降值？

实验八　面团拉伸性能测定

一、实验目的与要求

① 理解面团拉伸性能的定义。

② 掌握面团拉伸性能的测定方法及拉伸曲线的阅读。

二、实验仪器、试剂

1. 实验仪器

（1）拉伸仪（图 2-12）　由揉球器、搓条器、面团夹具、醒面箱、杠杆系统、拉伸装置、测力装置及记录器等部分组成。仪器主要参数如下。

揉球器转速：(83±3)r/min，20r 后自停。

搓条器转速：(15±1)r/min。

拉面钩移动速度：(1.45±0.05)cm/s。

记录纸行进速度：(0.65±0.01)cm/s。

拉伸单位（E.U.）阻力：(12.3±0.3)mN/E.U.

（2）粉质仪　带恒温水浴和滴定管，300g 揉面钵，按 GB/T 14614 执行。

（3）天平　感量 0.1g。

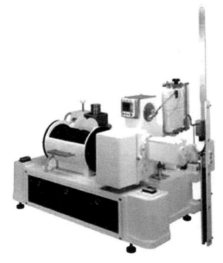

图 2-12 拉伸仪

（4）软塑料刮片。

（5）锥形瓶 250mL。

2．试剂

（1）蒸馏水或纯度与之相当的水。

（2）氯化钠（分析纯）。

三、实验步骤

1．仪器准备

① 打开粉质仪（采用 300g 揉面钵）、拉伸仪的恒温水浴及循环水开关，使粉质仪揉面钵和拉伸仪醒面箱升温至(30±0.2)℃，操作时经常检查温度。

② 拉伸仪中，每个醒面箱内放有一套面团装具，包括一个托盘和两套面团夹具。每套面团夹具由一块中间呈 V 形开口的底板和两块带叉子的上盖组成。在托盘凹槽内放少量水，面团装具在醒面箱内恒温 15min 后才能装置面团。

③ 将面团夹具放在拉伸仪测量系统托架上，加上 150g 砝码，调整记录笔到零位。

④ 粉质仪的调整，按 GB/T 14614 规定执行。

⑤ 用温度(30±5)℃的蒸馏水注满滴定管。

2．水分测定

按 GB5497 测定小麦粉水分。

3．测定

（1）面团的制备

① 根据测定的小麦粉水分，称取质量相当于 300g 含水量为 14%的样品（查

GB/T 14614 中的表），准确至 0.1g。样品倒入粉质仪 300g 揉面钵中，盖上盖（除短时间加蒸馏水和刮粘在内壁的碎面块外，实验中不要打开有机玻璃覆盖）。

② 称取(6±0.1)g 氯化钠倒入锥形瓶中，并根据用粉质仪测定的小麦粉吸水量估算加入的水量（实际加水量比测得的小麦粉吸水量约少加 2%水，以抵偿氯化钠的影响，如为软麦，则须减少更多加水量），然后从滴定管注入估算的水量于锥形瓶中溶解氯化钠。加入的总水量必须使下述③测定中，面团揉和 5min 后能获得(500±20)F.U.的稠度（曲线峰中线值），否则，须改变加水量，重新制备面团。

③ 启动粉质仪揉面器，放下记录笔，揉和 1min 后打开覆盖，立即用漏斗将锥形瓶中的氯化钠溶液自揉面钵盖中心孔加入小麦粉中，再用滴定管自揉面钵盖右前角补加少许蒸馏水，盖上揉面钵盖。氯化钠溶液和蒸馏水必须在 25s 内加完，用刮片将粘在揉面钵内壁的碎面块刮入面团（不停机）。揉和(5±0.1)min。这时面团稠度值必须在 480～520F.U.间。关停揉面器，此面团即可用作拉伸实验，否则重新按①～③步骤制备面团。

（2）面团分割和成型

① 将揉和好的面团从揉面钵中取出（不要揉捏），用剪刀将面团分割出两块，使每块重(150±0.5)g。

② 将称好的一块面团放在拉伸仪的揉球器中揉成球形（若面团粘手，可在表面加少许米粉或淀粉）。

③ 取出上述球形面团，放入搓条器搓成条。

④ 打开醒面箱，取出一套面团装具，迅速将搓好条的面团夹持在夹具中（预先涂少许矿物油）。一份面团同样揉成球，搓成条，夹进夹具。两份夹具连同托盘一起推入醒面箱，关好箱门，开始计时，醒面 45min。

⑤ 清洗揉面钵，按 GB/T 14614 中 6.3.4 条执行。

（3）面团拉伸实验

① 醒面 45min 后，取出第一块面团和夹具将它们正确放置在拉伸仪测量系统托架上，放入记录笔，调整到零位。

② 启动测量系统，牵拉杠及拉面钩向下移动，拉面钩拉伸面团直至断开，记录器自动绘出拉伸曲线。

③ 面团被拉断后，牵拉杆继续向下移动直到下部终止点，自动返回原位，收集拉断的面团，继续下面实验。

④ 拉断后的面团，同样按（2）中③、④步骤再使之揉球、搓条，再醒面 45min，进行第二次拉伸实验。然后又按同样步骤进行第三次拉伸实验。这样同一块面团经历了醒面 45min、90min 及 135min 三个阶段的拉伸实验，并得到三条拉伸曲线。

从（2）①制好的面团分割出的第二块(150±0.5)g 面团用于做双试验，同上操作。

四、实验现象或结果

参见面团拉伸曲线图（图 2-13）。

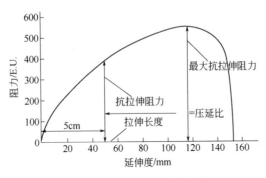

图 2-13 面团拉伸曲线图

1．面团抗拉伸阻力

（1）面团最大抗拉伸阻力　拉伸曲线最大高度 R。为面团最大抗拉伸阻力，单位为 E.U.，读数准确到 5E.U.。面团在不同醒面时间最大抗拉伸阻力分别为 R 叫 $R_{m45'}$、$R_{m90'}$、$R_{m135'}$。

两个面团测定结果差值不超过平均值的 20%，以平均值作为测定结果。

（2）位于 50mm 处面团抗拉伸阻力　从拉面钩接触面团开始，记录纸行进 50mm 处拉伸曲线高度 R_{50} 为 50mm 处面团抗拉伸阻力，单位为 E.U.，读数准确到 5E.U.，不同醒面时间 50mm 处面团抗拉伸阻力分别为 $R_{50,45'}$、$R_{50,90'}$、$R_{50,135'}$。

两个面团实验结果差值不超过平均值的 25%，以平均值作为测定结果。

2．面团延伸度

从拉面钩接触面团开始至面团被拉断，拉伸曲线横坐标的距离称为面团延伸度 E，单位 mm，读数准确至 1mm。不同醒面时间的面团延伸度分别为 $E_{45'}$、$E_{90'}$、$E_{135'}$。

两个面团实验结果差值不超过平均值的 15%，以平均值作为测定结果。

3．拉伸曲线面积

用求积仪测量面团拉伸曲线包围的面积 A，单位 cm^2，读数准确至 $1cm^2$。不同醒面时间拉伸曲线面积分别为 $A_{45'}$、$A_{90'}$、$A_{135'}$。

两个面团实验结果差值不超过平均值的 25%，以平均值作为测定结果。

五、注意事项

① 进行拉伸的面团必须预先在粉质仪上进行揉制。

② 目前电子型粉质仪可自动评价拉伸曲线，可不需要记录笔及求积仪。

六、思考与讨论

如何通过拉伸曲线来反映面团的拉伸阻力等拉伸性能。

实验九　全麦粉发酵时间及酵母发酵力测定

一、实验目的与要求

① 掌握全麦粉发酵时间的测定方法。
② 掌握酵母发酵力的测定方法。

二、实验仪器、试剂及原料

1. 实验仪器

（1）恒温水浴锅　保温(30±1)℃。

（2）恒温箱　保温(30±1)℃，装有透明玻璃门。

（3）粉碎机　内装有 1mm 筛子。

（4）天平　感量 0.1g。

（5）烧杯　150mL，50mL（全麦粉发酵时间测定用）；100mL，200mL（酵母发酵力测定用）。

（6）移液管（全麦粉发酵时间测定用）或自动移液枪　5mL。

（7）量筒（全麦粉发酵时间测定用）　100mL。

（8）广口玻璃瓶（酵母发酵力测定用）　1000mL。

（9）小口玻璃瓶（酵母发酵力测定用）　2500mL。

（10）排气管、排液管　酵母发酵力测定用。

（11）量筒（酵母发酵力测定用）　1000mL。

2. 试剂

（1）鲜酵母（全麦粉发酵时间测定用）　活力符合 QB 1501 规定。

（2）干酵母（全麦粉发酵时间测定用）　活力符合 QB 1501 规定。

（3）酵母悬浮液（全麦粉发酵时间测定用）　将 10g 鲜酵母或 2g 干酵母悬浮于 100mL、(30±1)℃的蒸馏水中，置于(30±1)℃的恒温水浴锅中，使用前现配制。

（4）蒸馏水或纯度与之相当的水。

（5）氯化钠　分析纯。

（6）蔗糖　酵母发酵力测定用。

3. 原料

标准粉，酵母发酵力测定用。

三、实验步骤

1．全麦粉发酵时间测定

（1）样品制备　取 50g 小麦样品，除去杂质，用粉碎机粉碎使之全部通过 40 目筛，清理磨子与筛子，将残留物料与粉碎样品合并，混合均匀，装入密闭的瓶中备用。

（2）测定步骤　称取 4.0g 全麦粉样品倒入 50mL 烧杯中，加入 2.25mL 酵母悬浮液，用玻璃棒混合成面团，取出用手揉成表面光滑的圆球。放入盛有 30℃ 80mL 蒸馏水的 150mL 低型烧杯中，移入(30±1)℃的恒温箱内，开始计时。随着酵母的发酵，球形面团中的二氧化碳含量不断增加，体积增大，浮至水面，经过一段时间后，球形面团开始解体破裂。裂口张大至 1cm 时作为面团解体时的时间。

2．酵母发酵力测定

发酵力测定装置见图 2-14。图中单位为 mm。

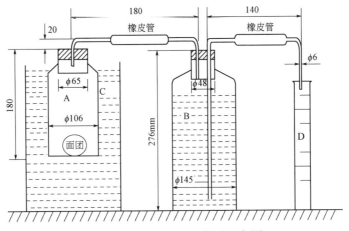

图 2-14　发酵力测定装置示意图

A—广口玻璃瓶；B—小口试剂瓶；C—恒温水浴；D—玻璃量筒

（1）鲜酵母法　分别称取样品 2.0g（若样品已冷藏，应将其先在 30℃下放置 1h 后再称取）、标准粉 280.0g、氯化钠 2.0g，将蒸馏水 150mL（面粉与水事先保温至 30℃）分别倒入氯化钠和酵母中，待溶解和调匀后，全部倾入面粉中，用力搅和，并捏成面团，迅速将面团投入 A 瓶，并放入(30±0.5)℃恒温水浴中，如图 2-14 连接整套装置，记录第 1h 和第 3h 的排水量。

（2）活性干酵母法　称取 2.8g 活性干酵母，分析纯蔗糖 2.8g 于 100mL 烧杯中，加 30℃蒸馏水 50mL，在 30℃下培养 30min。另称取分析纯氯化钠 2.0g 于 200mL 烧杯中，加 30℃蒸馏水 100mL 溶解。将上述酵母液、氯化钠溶液倒入 280.0g 面粉（30℃）中，用力混合并捏成面团，迅速将面团投入 A 瓶，将瓶放入(30±0.5)℃恒温水浴中，按图连接装置，立即记录第 1h 和第 2h 的排水量。

四、实验现象或结果

1. 全麦粉发酵时间

从面团浸入水中至解体破裂所经历的时间为全麦粉发酵时间值，以分钟（min）为单位。同一操作人员相同的样品两次测定结果的差值与平均值之比不得超过 6%。

2. 酵母发酵力

（1）鲜酵母测定结果计算

$$F = V_2 - V_1$$

式中 F——发酵力，mL；

V_2——第 3h 排水量之和，mL；

V_1——第 1h 排水量，mL。

允许差：两次测定值之差不得超过 10mL。

（2）活性干酵母测定结果计算：

$$F = V_2 - V_1$$

式中 F——发酵力，mL；

V_2——第 2h 排水量之和，mL；

V_1——第 1h 排水量，mL。

允许差：两次测定值之差不得超过 10mL。

五、注意事项

将发酵力测定装置连接好后必须检查装置的气密性，确保不漏气。

六、思考与讨论

① 面团发酵的机理是什么？

② 面团在发酵过程中发生了哪些变化？

实验十　小麦谷蛋白溶胀指数

一、实验目的与要求

掌握小麦谷蛋白溶胀指数（SIG）测定的原理和方法。

二、实验仪器、试剂及原料

1. 实验仪器

（1）小型实验粉碎机　能使样品粉碎后，细度通过 CQ24 号筛占 95% 以上的粉碎机。

（2）小型实验制粉机　能使样品制粉后，出粉率达到 60%～70%，细度全部通过 CQ20 号筛的实验制粉机。

（3）旋涡振荡器。

（4）水流抽气泵　玻璃制或塑料制。

（5）天平　感量 0.0001g（用于微量测定法）；感量 0.01g（用于常量测定法）。

（6）适合 1.5mL 离心管的恒温振荡器（用于微量测定法）　推荐使用美国 Brinkmann 仪器公司的 Eppendorf Thermal Mixer Model 5436，也可使用其他具有同等效能的恒温振荡器。

（7）适合 1.5mL 离心管的离心机（用于微量测定法）　推荐使用美国 Mix-micro®IEC 生产的离心机，也可使用其他具有同等效能的离心机。

（8）离心机（用于常量测定法）　转速能在 500～3000r/min 之间调整，或离心力保持在 450×g。不同次测定时要保持转速一致。

（9）具盖塑料离心管 1.5mL　用于微量测定法。

（10）具盖塑料离心管（用于常量测定法）　50mL，盖子密封性好。

（11）可调微量移液器 1.0mL　用于微量测定法。

（12）量筒　25mL（用于常量测定法）。

2．试剂

（1）乳酸工作液　1 份 85%的乳酸（分析纯）溶液用 8 份蒸馏水稀释，静置 24h 后使用。

（2）SDS-乳酸溶液　99%纯度重结晶 SDS 30g，溶于 970mL 蒸馏水中，再加入 20mL 乳酸工作液，混合均匀后用蒸馏水定容至 1000mL，静置 24h 后使用。

3．原料

通过上述实验粉碎机或实验制粉机所制备的小麦面粉或全麦粉。

三、实验步骤

1．试样制备

（1）取样与分样　按照 GB 5491 规定执行。

（2）全麦粉样品制备　分取 200g 小麦净样，调节小麦样品的水分至 14%（加水调节需密闭 2～3h），用粉碎机粉碎，通过 CQ24 号筛占 95%以上。混合均匀，放入密闭容器中备用，为保证实验的重复性，新制备的全麦粉需要放置至少三天。

（3）小麦粉样品制备　分取 500g 小麦净样，按小麦制粉要求，软麦样品水分调节到 14%；硬麦样品水分调节到 15%，用实验室小型实验制粉机制粉，出粉率达到 60%～70%，细度全部通过 CQ20 号筛。样品放入密闭容器中备用，为保证实验的重复性，新制备的小麦粉需要保存三天后使用（不用筛分）。

（4）测定水分　按 GB 5497 规定的方法测定试样水分。

（5）将试样和配制的试剂置于 22℃±2℃的室温下直至试样和试剂的温度与室温平衡，以得到准确结果。

2. 分析步骤

（1）微量测定法

① 在室温(22±2)℃的实验室中，对离心管编号，准确记录离心管质量 m_0（0.0001g），称取全麦粉或小麦粉试样 35～45mg 于离心管中，准确记录样品质量 m_1（0.0001g）；加入 0.6mL 蒸馏水，盖上离心管盖子，在旋涡振荡器上混合 5s，开始计时；把离心管放在恒温振荡器上，将振荡器转速调到最大转速，水化 20min；每 10min 将离心管取出在旋涡振荡器上混合 5s；第 20min 旋涡振荡后，加入 0.6mL SDS-乳酸溶液，在旋涡振荡器上混合 5s，在恒温振荡器上振荡溶胀 20min；每隔 5min 在旋涡振荡器上振荡混合 5s。

② 将溶胀后的样品置于离心机中，在 300×g 离心力下离心 5min，用吸管连接水流抽气泵小心吸去浮在沉淀层上的气泡和上清液；将离心管放回离心机再离心 3min，用 4.5 号针头连接水流抽气泵小心吸去沉淀表层和离心管侧壁的上清液及气泡，注意针头不能接触沉淀层；准确称重（m_2）至 0.0001g。

（2）常量测定法

① 在室温(22±2)℃的实验室中，称取全麦粉或小麦粉试样（m_1）0.95～1.05g，准确至 0.01g，置于 50mL 已知质量的离心管（m_0）中，向离心管中加入 15mL 蒸馏水，拧好盖子，立即旋涡振荡 5s，开始计时，静置水化，在 5min 和 10min 时分别旋涡振荡一次，每次 5s；在第 10min 向试管中加入 15mL 3%的 SDS-乳酸溶液，旋涡振荡 5s，开始计时，静置溶胀 20min，每隔 5min 旋涡振荡 5s；加入 SDS-乳酸溶液后共振荡 5 次。

② 将溶胀好的样品置于离心机中，在 450×g 的离心力下离心 5min，用吸管连接水流抽气泵小心吸去泡沫和上清液，沉淀物进行二次离心，450×g 离心 3min，用细吸管连接水流抽气泵小心吸去残余上清液（注意不要吸去沉淀物上层的透明胶状物质），称重 m_2。

四、实验现象或结果

1. SIG 绝对值（干基）

按公式（1）计算：

$$X = \frac{(m_2 - m_0) \times 100}{m_1 \times (100 - W)} \qquad （1）$$

式中　X——SIG 绝对值（干基）；

m_0——离心管质量，g；

m_1——小麦粉或全麦粉样品质量，g；

m_2——小麦粉或全麦粉溶胀后的质量，g；

W——每百克样品水分含量，g。

2．结果表示

两次测定结果的绝对差值不应超出 0.30，以双试验测定结果的算术平均值作为样品的谷蛋白溶胀指数；两次测定结果的绝对差值超出 0.30 时，应重新测定。测定结果保留两位小数。

五、注意事项

① SDS 纯度对试验结果影响较大。

② 微量法所用样品量比较小，称取样品时要尽量准确。

③ 离心后吸取上清液时，先将离心管盖子上的泡沫吸掉，再将上清液上部的泡沫吸掉后再吸取上清液。

六、思考与讨论

同一小麦样品的全麦粉和面粉的谷蛋白溶胀指数哪个比较大？为什么？

实验十一　小麦蛋白质电泳检测

一、实验目的与要求

① 熟练掌握试验中所需各种试剂的配制。

② 掌握电泳检测的方法。

二、实验仪器、试剂及溶液配制

1．实验仪器

（1）分析天平　感量 0.1mg。

（2）旋风磨　带有 40 目筛。

（3）快速混匀器　3000r/min 以上。

（4）微量可调加液器　100μL、50μL、25μL、10μL 各一个。

（5）毒气橱　带有抽风设备。

（6）防毒面具。

（7）酸度计　带有标准玻璃电极和甘汞电极。

（8）真空泵。

（9）玻璃真空干燥器。

（10）摇床　可调速往复式。

（11）电泳仪　可调稳压稳流电泳仪。

（12）电泳槽　单垂直平板或双垂直平板电泳槽。

（13）高速离心机　无级变速，最低转速 8000r/min 以上。

（14）电冰箱。

（15）水浴锅。

（16）带盖搪瓷盘。

2．试剂

除注明者外，皆为分析纯，最好为进口分装，低温保存 1 年以内。

① 丙烯酰胺（Aca）。

② N,N'-亚甲基双丙烯酰胺（Bis）。

③ 三羟甲基氨基甲烷（Tris）。

④ 十二烷基硫酸钠（SDS）。

⑤ 过硫酸铵。

⑥ N,N,N',N'-四甲基乙二胺（TEMED）。

⑦ 丙三醇。

⑧ β-巯基乙醇。

⑨ 甘氨酸。

⑩ 溴酚蓝。

⑪ 甲醇。

⑫ 冰醋酸。

⑬ 考马斯亮蓝 R-250。

⑭ 三氯乙酸。

⑮ 盐酸（HCl）。

⑯ 琼脂糖或琼脂。

⑰ 乙酸。

3．溶液配制

（1）凝胶储藏液（Aca/Bis：30%T，2.67%C）　丙烯酰胺（Aca，也称单体）146.0g，N,N'-亚甲基双丙烯酰胺（Bis，称共聚单体）4.0g，溶解于蒸馏水，定容至 500mL。溶液经过滤后装入棕色瓶中，放在 4℃下保存，保存期限为 30 天。丙烯酰胺对人体有害，配溶液时要戴乳胶手套和防毒面具。

（2）分离胶缓冲液（1.0mol/L Tris-HCl，pH8.8）　30.25g 三羟甲基氨基甲烷（Tris）溶解于 150mL 蒸馏水，并用 1mol/L HCl 将溶液调至 pH8.8，之后定容至 250mL。定容后的溶液 pH 应接近 8.8，放冰箱保存。

（3）堆积胶缓冲液（1.0mol/L Tris-HCl，pH6.8）　12.10g 三羟甲基氨基甲烷溶解于 50～60mL 蒸馏水中，用 1mol/L 的 HCl 调节溶液 pH 为 6.8，定容至 100mL。

定容后溶液 pH 应接近 6.8，放冰箱保存。

（4）10%十二烷基硫酸钠（SDS）　5g SDS，溶解定容至 50mL。

（5）1%过硫酸铵　100mg 过硫酸铵，加水 10mL 溶解，现配现用。

（6）样品缓冲液（62.5mmol/L Tris-HCl，pH6.8；10%丙三醇；2%SDS；5% β-巯基乙醇）

蒸馏水	4.5mL
1.0mol/L Tris-HCl，pH6.8	0.5mL
丙三醇	0.8mL
10%SDS	1.6mL
β-巯基乙醇	0.4mL
0.05%溴酚蓝溶液	0.2mL
共计：	8.0mL

按上述比例和顺序混合各试剂，并搅拌均匀。配好的缓冲液 pH 应接近 6.8，否则要调节。使用时，缓冲液用量应为样品量的 4 倍以上。

（7）电极缓冲液（25mmol/L Tris，192mmol/L 甘氨酸，0.1%SDS，pH8.3）　Tris 3.0g，甘氨酸 14.4g 和 SDS 1.0g 用蒸馏水溶解后定容至 1000mL。该溶液的 pH 为 8.3 左右，应放冰箱保存。使用时如有沉淀，加热 37℃溶解再用。

（8）染色液　0.1g 考马斯亮蓝 R-250 溶解于 100mL 甲醇和冰醋酸的混合水溶液中，混合液的体积比例为水∶甲醇∶冰醋酸=53∶40∶7。染色液经用磁力搅拌器搅拌混合 10h 以上，方可使用。

（9）褪色液　按染色液的比例配制水-甲醇-冰醋酸的混合液，但不加考马斯亮蓝。褪色液同样需要搅拌 10h 以上，方可使用。

（10）固定液　12%三氯乙酸。

（11）乙酸-甘油水溶液　乙酸∶甘油∶水=9∶6∶85。

三、实验步骤

1. 蛋白质提取

称籽粒粉碎样品 40mg，置于 5mL 离心管中，加入 600～1000μL 样品缓冲液，立即在快速混匀器上振动混匀 1min（管底不能有样品沉淀物），然后在摇床上振荡 30min。将离心管放入 90℃的热水浴中浸提 5min。取出离心管，离心分离 5min，离心机转速为 8000r/min。加样品缓冲液应在毒气橱中进行，因为该缓冲液有强烈异味。

2. 分离胶的制备

（1）分离胶工作液的配制　常用的分离胶浓度为，单体（Aca/Bis）8.7%T，2.67%C；Tris 0.375mol/L；pH8.8。可按下列配方配制：

凝胶储藏液（30%T，2.67%C）（溶液1）	29mL
蒸馏水	27.5mL
1.0mol/L Tris-HCl，pH8.8（溶液2）	37.5mL
10%（*W/V*）SDS（溶液4）	1.0mL
1%过硫酸铵（溶液5）	5.0mL
四甲基乙二胺（TEMED）	50μL
单体总体积	100mL

根据工作需要，还可选择不同单体浓度的分离胶工作液，不同浓度工作液的配方见表2-12。

表2-12　SDS-PAGE分离胶和堆积胶配方

项目	分离胶（0.375mol/L Tris，pH8.8）			堆积胶（0.125mol/L Tris，pH6.8）
单体浓度（%T，2.67%C）	12%	7.5%	*x*%	4.0%
凝胶储藏液（30%T，2.67%C）	40.0mL	25mL	x_1mL	1.3mL
蒸馏水 1.0mol/L	16.5mL	31.5mL	x_2mL	6.85mL
Tris-HCl，pH8.8	37.5mL	37.5mL	37.5mL	1.25mL
1.0mol/L Tris-HCl pH6.8	—	—	—	100μL
10%（*W/V*）SDS	1.0mL	1.0mL	1.0mL	—
1%过硫酸铵*	5.0mL	5.0mL	5.0mL	500μL
TEMED*	50μL	50μL	50μL	10μL
单体总体积	100mL	100mL	100mL	10mL

* 过硫酸铵和TEMED在灌胶前才能配制或加入分离胶工作液。

从表2-12可以看出：

① 不同浓度分离胶工作液的差别只是总单体浓度 T（%）不同。

凝胶的孔径是由单体的浓度决定的，并可通过调整单体的浓度 T（%）或 C（%）来改变，最常用的方法是调整总单体浓度 T（%），因为当稀释凝胶储藏液时，共聚单体的相对浓度 C（%）是不变的。$T = \dfrac{a+b}{m} \times 100\%$，为两种单体的总浓度；

$C = \dfrac{b}{a+b}‰ \times 100\%$，为共聚单体占两种单体总量的百分数。

② 凝胶储藏液（30%T，2.67%C）体积=凝胶工作液的浓度（%T）×3.33，例如，当配制100mL浓度为8.7%T的工作液时，储藏液的体积=8.7×3.33=29mL。

③ 蒸馏水的体积　56.5-凝胶储藏液（30%T，2.67%C）体积。例如，当配制100mL浓度为8.7%T的工作液时，需蒸馏水的体积=56.5-29=27.5mL。

凝胶工作液的用量与胶板大小和厚度有关。在配制工作液之前，可查阅表2-13，并根据将要制胶板的数量，计算配制工作液的体积。

表 2-13 SDS-PAGE 制胶板需凝胶工作液量

胶板厚度	分离胶		堆积胶
	16cm 长	20cm 长	
0.5mm	12.8mL	16.0mL	5.0mL
0.75mm	19.2mL	24.0mL	5.0mL
1.00mm	25.6mL	32.0mL	10.0mL
1.50mm	38.4mL	48.0mL	10.0mL
3.00mm	76.8mL	96.0mL	20.0mL

配制分离胶工作液时，先将除过硫酸铵和 N,N,N',N'-四甲基乙二胺（TEMED）以外的溶液混合，再配制过硫酸铵溶液。将混液和过硫酸铵溶液分别置于玻璃真空干燥器中抽真空 15min 以上，抽去溶液中的气体。然后，向混合液中缓慢加入过硫酸铵和 TEMED，不要搅拌，只沿桌面轻轻摇动即可。此后立即灌胶制板。过硫酸铵为氧化剂，可使丙烯酰胺聚合，TEMED 为加速剂，加速氧化聚合的过程。这两种试剂在灌胶之前，才能配制或加入分离胶工作液。

（2）胶室的制作　在两块玻璃板中间侧边夹上塑料板条，用凡士林密封，构成胶室。然后，把胶室垂直立于琼脂槽中央，用铁夹固定在胶室支架上。用电极缓冲液配制 1%左右的琼脂或琼脂糖溶液，煮至透明，于 60℃上注入琼脂槽内，密封胶室下端。胶室的厚度一般为 1mm 或 1.5mm。在配制分离胶工作液之前，可先把胶室制好。

（3）灌胶　左手把胶室支架倾斜，右手把抽过气的分离胶工作液沿凹玻璃板口灌至标记高度处。分离胶的高度以凝胶面低于其上部的加样梳下端 2～5mm 为宜。将胶室支架放平，沿凹玻璃板口小心在分离胶表面覆盖一层抽气后的重蒸馏水，放置 1.5h 左右待凝。如果胶凝速度太慢，应增加 TEMED 用量，否则，应减少 TEMED 用量。胶凝后可放置过夜。

3．堆积胶的制备

（1）堆积胶工作液配制　其单体（Aca/Bis）浓度为 4.0%T，2.67%C；Tris 0.125mol/L，pH6.8。配方和配制量分别见表 2-12 和表 2-13。试剂用量的计算方法和配制方法与分离胶工作液相同。

（2）灌胶　待分离胶凝后，用长针头注射器抽去表面覆盖水，并用少许堆积胶溶液冲洗分离胶表面。灌堆积胶溶液至离凹玻璃板口面约 3mm 处，插进试样格（梳子），放置 30min 左右（25℃）待凝。一般选用具有 12 个或 20 个试样格的梳子为宜。堆积胶凝结宜快，以避免试样梳与凝胶界面发生氧化作用，否则增加 TEMED 用量。堆积胶高度等于试样格深度，或超过 2～5mm，使样品刚好加入堆积胶内。

（3）取出试样格　堆积胶凝后，先轻轻摇动试样格，然后小心拔出。如果加样槽不正或断裂，可用长针头扶正，如经常断裂，须用细砂纸或小锉将梳子加工光滑。加样槽充满电极缓冲液后再加入样品浸提液。

4. 装胶室于电泳槽

将制作好的胶室凹玻璃板口紧靠电泳槽立板的凹口处，方玻璃板在凹板的外面，形成上电极槽。把一根铜丝穿过自行车气门皮芯内，弯成"U"形，涂上凡士林，夹在两凹口处密封，防止上电极槽溶液下渗。

胶室下边的琼脂槽可连同胶室立板一起直接放在下电极槽内。在电泳槽立板与胶室立板之间垫一块 3mm 厚的板条（相当于琼脂槽边棱厚度），使胶室垂直立于电泳槽内。

5. 加电极缓冲液

取电极缓冲液 300mL，缓慢加入上、下电极槽内。下电极槽液面以高出胶室下沿 1～2cm 为宜，上电极槽内堆积胶的加样槽不能被冲坏。使用过的电极缓冲液可重复利用一次，如果要多次重复使用，必须加入一半以上的新溶液，或调节 pH 值至 8.3 左右。上、下电极槽溶液要分开保存，才可重复使用。

6. 加样

将加样槽编号，利用微量注射器向加样槽内加入样品浸提液 20～30μL。一般在胶板两边和中间的加样槽中加入对照样品。对照样品最好包括所有常见的亚基带型。由于上电极槽已充满电极缓冲液，加样时要缓慢取出注射器针头，以防样品扩散混杂。在操作熟练的情况下，还可通电后迅速加样。换样品时，要用蒸馏水冲洗注射器 2～3 次，以防污染。加完样后，不要移动电泳槽，通电电泳。如果室温超过 22℃，通电 1h 左右后，移入电冰箱内继续电泳。向上电极槽中加入 2～3 滴溴酚蓝指示剂。

7. 电泳

连接好电泳槽与电泳仪导线，注意正负极。选择电泳仪在稳流状态，调节所需要电流。电流越大，电泳速度越快，但电流太大，容易发热，影响电泳效果。设置电泳过程的电流大小，还要考虑电泳仪的质量和电泳槽的配置，以及室温的高低。一般每个胶板在 15mA 电流下，完成电泳需要 18～20h，25mA 电流需要 8h 左右。当电流大于 25mA，就要利用电泳系统配置的冷却装置。例如，每块胶板 35～40mA，温度设在 15℃，电泳需 4～5h。在无冷却装置的情况下，电泳过程还可在电冰箱（最好是玻璃门）内进行，即将通电的电泳槽放进电冰箱内，防止发热。

电泳过程中，上电极槽中加入的溴酚蓝指示剂会在胶板上形成一条明显的蓝色横线，这一条蓝线随电泳过程的进行而移动。

当这条蓝线移至胶板下端边沿时，蛋白质大概移至距边沿 1cm 左右处，这时电泳过程完成。电泳结束后，先关掉电源，再取下胶室。

8．取胶板

将胶室玻璃板平放在桌面上，凹口板朝上，用塑料板或木板敲打玻璃板侧面，再轻轻撬起凹面板。特别注意，不要弄破胶板。用小刀切掉胶板下端的琼脂片和上端的堆积胶部分，并切掉胶板一个上角，标记加样顺序。

9．固定

将电泳完毕的凝胶板放入盛有清水的瓷盘中反复漂洗，再放入 12%的三氯乙酸溶液中固定约 10min，待胶板下边沿的蓝色横线变为黄色即可取出染色。

10．染色

将胶板放入盛有约 300mL 染色液的瓷盘中，加盖后置于摇床上慢速振荡染色。染色约需 6h，至电泳谱带清晰可见为止。染色液可以重复使用，重复使用的次数取决于染色时间的长短。也可以用新的染色液继续使用。

11．褪色

将胶板从染色液中取出，用清水漂洗后放入褪色液中，振荡褪色。褪色约需 10h 左右，至胶板底色褪掉为止。用过的褪色液还可加入定量的考马斯亮蓝配制染色液。

12．读胶

将胶板置于白瓷盘中，放在窗前明亮处读胶。室内光线不好时，也可以用自制光源盒读胶。光源盒的透光玻璃可用 1~2 层有机玻璃，这样电泳谱带清晰可见。以对照品种带型为标准识别检测样品的谱带，必要时用直尺比照，凡和已知带型在一个水平线上的待测带型即被检出。

13．照相和制干胶

读完胶，就可照相。然后，把胶板放入乙酸-甘油混合液中若干分钟，使其适当收缩。在胶板两边贴上玻璃纸，夹于两块玻璃板中间，放在室温下干燥。干燥的胶板可以长期保存。

四、实验现象或结果

胶板上可见清晰的电泳条带。

五、注意事项

① 未聚合的丙烯酰胺是一种皮肤刺激物和神经毒素，操作时必须戴手套。如果皮肤接触了丙烯酰胺的粉末或溶液相，立即用肥皂水冲洗。

② 甲醇和冰醋酸易挥发，配制染色液时需予以防止。

③ 对聚丙烯酰胺脱气加速聚合作用，这一步可以省略。

④ 虽然堆积胶的堆积作用可以减少因加样体积不同所产生的差别,但是在进行分析性工作时还应保持相同的上样量。

⑤ 在准备样品的过程中，如果样品混合物变为黄色，则说明溶液太酸，加入 NaOH 直至溶液变为蓝色，否则，蛋白质样品就会出现反常迁移。

⑥ 为避免边缘效应，在未加样的孔中加入等量的样品缓冲液。

⑦ 如果在上样之前没有对煮沸的样品进行离心，便会出现蛋白质条带的拖尾现象。拖尾是因为在堆积胶中蛋白质浓度过高而产生的沉淀所致。一般认为聚合的蛋白质在电泳过程中会逐渐溶解。对蛋白质样品进行稀释可以得到改善。

⑧ 样品缓冲液中煮沸的样品可以在−20℃保存数周，但是反复冻融会导致蛋白质的降解。对于储存在−20℃已煮沸的样品，上样前应使样品升温至室温，使 SDS 沉淀溶解。

⑨ 上样时，小心不要使样品溢出，避免污染相邻的加样孔。

⑩ 取出试样格时，如粘连有堆积胶则会破坏加样槽，可在试验格加入堆积胶前蘸蒸馏水。

⑪ 如采用 Bio-Rad 等电泳凝胶系统，则无需进行胶室的制作。

⑫ 采用 Bio-Rad 可简化电泳过程，但由于小麦蛋白质的亚基组成比较复杂，因此采用过短的凝胶板进行电泳会出现电泳谱图的叠加现象，因此，为得到较为理想的小麦蛋白质电泳谱图，建议使用略长的胶板进行电泳。

六、思考与讨论

① 电泳的原理是什么？

② 选择不同单体浓度的分离胶工作液的依据是什么？

第三章

粮食食品加工实验

第一节　传统面制品的加工

实验一　小麦面条的制作及质量检验

一、实验目的

① 掌握面条的制作方法。

② 掌握面条的质量检测方法。

二、实验仪器及材料

1. 实验仪器

（1）电动和面机（制作面条用）　一次可和面 300g，带有片状搅拌头，至少有慢速（搅拌头自转 61r/min，公转 47r/min）、中速（搅拌头自转 126r/min，公转 88r/min）两种转速，或具有相当混合功能的和面机。

（2）恒温恒湿箱（干燥面条用）　温控(40±1)℃，相对湿度 75%。

（3）电动组合面条机（制作面条用）　轧片辊直径 90mm，转速 45r/min，轧距在 3.5～1mm 之间可调，带 2mm 宽切刀，或类似压面设备。

（4）直尺（测干面条长度用）　最小刻度 1mm。

（5）测厚规（测干面条厚度用）　最小刻度为 0.01mm。

（6）秤（测净重偏差）　最大称量为 10kg。

（7）天平（测不整齐度、自然断条率、熟面条烹调损失）　感量 0.1g。

（8）烘箱　测熟面条烹调损失。

（9）可调式电炉（测烹调损失）　1000W。

（10）秒表　测熟断条率及面条烹调损失。

（11）烧杯（测熟断条率及面条烹调损失） 1000mL 两个，250mL 两个。

（12）容量（测烹调损失） 500mL。

（13）移液管（测烹调损失） 50mL。

（14）玻璃片 两块（100mm×100mm）。

2. 实验材料

面粉。

三、实验方法与步骤

1. 面条的制作

称 300g 面粉（以 14%湿基计），加入该种面粉的粉质测定仪所测吸水率为 44%的 30℃温水，加水量可视面粉情况略加调整，用和面机慢速（自转 61r/min，公转 47r/min）搅拌 5min，再用中速（自转 126r/min，公转 88r/min）搅拌 2min，取出和成的面团放在容器中在室温下静置 20min，此时的面团应是不含生粉的松散颗粒，用小型电动组合面条机在压辊间距 2mm 处压片→合片→合片，然后，把压辊轧距调至 3.5mm，从 3.5mm 开始，将面片逐渐压薄至 1mm，共压片六道，最后在 1mm 处压片并切成 2.0mm 宽的细长面条束，将切出的面条挂在圆木棍上，记录上架根数，放入 40℃、相对湿度 75%的恒温恒湿箱内，干燥 10h，关机后，打开箱门，再继续在室温下干燥 10h，取出面条束，记录圆木棍上的面条根数，将干面条切成 220mm 长的成品备用。

2. 面条质量评分方法

（1）面条制作质量标准 断条率≤5%。

（2）干面条样品的检验

① 规格 从样品中任意抽取面条 10 根，用直尺、测厚规分别测量其长度、宽度及厚度，计算其算术平均值。

② 色泽、气味 要求色泽正常，均匀一致；气味正常、无酸味、霉味及其他异味。

③ 净重偏差 随机抽取样品 10 包，称重，计算净重偏差。

④ 不整齐度、自然断条率 抽取样品 1.0kg，将有毛刺、疙瘩、并条、扭曲和长度不足规定三分之一的面条检出称重，计算不整齐度。并将上述不整齐度中长度不足规定长度三分之二的面条检出称重，计算自然断条率。

⑤ 弯曲断条率 抽取面条 20 根，截取 180mm 长条，分别放在标有厘米刻度和角度的平板上，用左手固定零位端，右手缓缓沿水平方向向左移动，使面条弯曲成弧形，未到规定的弯曲角度折断，即为弯曲折断率。

⑥ 烹调时间测定 抽取面条 40 根，放入盛有样品重量 50 倍沸水的 1000mL

烧杯（或铝管）中，用可调式电炉加热，保持水的微沸状态，从 2min 开始取样，然后每隔 0.5min 取样一次，每次一根，用两块玻璃片压扁，观察面条内部白硬心线，白硬心线消失时所记录的时间即为烹调时间。

⑦ 熟断条率检验　称取面条 40 根，放入盛有样品 50 倍沸水的 1000mL 烧杯（或铝锅）中，用可调式电炉加热，保持水的微沸状态，达到烹调时间后，用竹筷将面条轻轻挑出，计算熟断条率并检验烹调性。

⑧ 烹调损失率测定　称取约 10g 样品，精确至 0.1g，放入盛有 500mL 沸水（蒸馏水）的烧杯中，用电炉加热，保持水的微沸状态，按测定烹调时间的规定煮熟后，用筷子挑出挂面，面汤放至常温后，转入 500mL 容量瓶中定容混匀，吸 50mL 面汤倒入恒重的 250mL 烧杯中，放在可调式电炉上蒸发掉大部分水分后，再吸入面汤 50mL 继续蒸发至近干，放入 105℃烘箱内烘至恒重，计算烹调损失率。

（3）面条品尝评分与方法

① 面条品尝样品制备　量取 500mL 自来水于小铝锅中（直径 20cm），在 2000W 电炉上煮沸，称取 50g 干面条样品，放入锅内，煮至面条芯的白色生粉刚刚消失，立即将面条捞出，以流动的自来水冲淋约 10s，放在碗中待品尝。

实验的品尝小组由 5～6 位事先经过训练对品尝有经验的人员组成。

② 面条评分　面条品尝项目和评分标准见表 3-1。

表 3-1　面条品尝项目和评分标准

项目	满分	评分标准
色泽	10	指面条的颜色和亮度。面条乳白、奶黄色，光亮，为 8.5～10 分；亮度一般，为 6～8.4 分；色发暗、发灰，亮度差，为 1～6 分
表观状态	10	指面条表面光滑和膨胀程度。表面结构细密、光滑为 8.5～10 分；较细密光滑为 6.0～8.4 分；表面粗糙、膨胀、变形严重为 1～6 分
适口性（软硬）	20	用牙咬断一根面条所需力的大小。力适中得分为 17～20 分；稍偏硬或软 12～17 分；太硬或太软 1～12 分
韧性	25	面条在咀嚼时，咬劲和弹性的大小。有咬劲、富有弹性为 21～25 分；一般为 15～21 分；咬劲差、弹性不足为 1～15 分
黏性	25	指在咀嚼过程中，面条粘牙强度。咀嚼时爽口、不粘牙为 21～25 分；较爽口、稍粘牙为 15～21 分；不爽口、发黏为 10～15 分
光滑性	5	指在品尝面条时口感的光滑程度。光滑为 4.3～5 分；中间为 3～4.3 分；光滑程度差为 1～3 分
食味	5	指品尝时的味道。具麦清香味 4.3～5 分；基本无异味 3～4.3 分；有异味为 1～3 分
总分	100	精制级小麦粉制品评分≥85 分，普通级小麦粉制品评分≥75 分

总分为 100 分，其中：色泽 10 分，表观状态 10 分，适口性（软硬）20 分，韧性 25 分，黏性 25 分，光滑性 5 分，食味 5 分。

四、实验现象或结果

1. 断条率

按公式（1）计算

$$断条率 = \frac{断条根数}{上架面条根数} \times 100\% \tag{1}$$

2. 净重偏差

按公式（2）计算

$$P = \frac{G - J}{J} \times 100\% \tag{2}$$

式中　P——净重偏差；

　　　G——样品质量，g；

　　　J——10 包样品标准质量，g。

3. 不整齐度

按公式（3）计算

$$Q = \frac{M_q}{G} \times 100\% \tag{3}$$

式中　Q——不整齐度；

　　　M_q——不整齐面条质量，g；

　　　G——样品质量，g。

4. 自然断条率

按公式（4）计算

$$Z = \frac{M_z}{G} \times 100\% \tag{4}$$

式中　Z——自然断条率；

　　　M_z——检出的断面条质量，g；

　　　G——样品质量，g

5. 弯曲断条率

按公式（5）计算，面条弯曲断条率评价见表 3-2。

表 3-2　面条弯曲断条率评价表

面条厚度/mm	弯曲角度
＞0.9	≥25°
≤0.9	≥30°

$$U = \frac{N}{20} \times 100\% \tag{5}$$

式中　U——弯曲断条率；

　　　N——弯曲折断的面条根数。

6．熟断条率

按公式（6）计算

$$S = \frac{N_s}{40} \times 100\% \qquad (6)$$

式中　S——熟断条率；

　　　N_s——断面条根数。

7．烹调损失率

按公式（7）计算：

$$P = \frac{5M}{G \times (1-W)} \times 100\% \qquad (7)$$

式中　P——烹调损失率；

　　　M——100mL 面汤中干物质，g；

　　　W——面条水分，%；

　　　G——样品质量，g。

五、注意事项

① 进行面条制作时，熟练程度对面条的光滑度等质量有较大影响，因此，在进行正式试验前需进行一定量的预实验，以便获得准确的试验结果。

② 进行烹调损失率测定时，面汤放置一段时间后底部会出现沉淀，吸取面汤前必须将容量瓶中的面汤混匀，否则将不能得到准确的结果。

六、思考与讨论

① 进行面条制作时，为什么要用粉质仪测定面粉的吸水率？

② 在试验过程中，会出现部分试验者采用手工和面来代替机器和面，其所需要的加水量一般大于机器和面时的加水量，试分析其原因。

实验二　馒头的制作及质量检验

一、实验目的

① 了解和掌握各种馒头的生产工艺流程和工艺技术要点。

② 了解发酵剂对面团的物理膨松原理、面团的调制方法和汽蒸成熟方法。

③ 掌握对馒头质量的分析与鉴别方法。

二、实验原理

馒头是一种把面粉加水、糖等调匀，经过一次发酵法或二次发酵法、老面发酵法、面糊发酵法、酒曲发酵法等发酵工艺，再经过蒸熟而成的食品，成品外形为圆形或椭圆形、半球形、长条形状。味道可口松软，营养丰富，是我国传统主食，属方便食品，有东方面包的雅称。

三、实验设备及材料

1. 实验设备

搅拌机，压面机，台秤或电子秤，发酵箱，蒸锅，面板，锯刀，JMTY 型面包体积测定仪（需要油菜籽）。

2. 材料

馒头配料见表 3-3。

表 3-3　馒头配料

材料名称	雪花馒头	杠子馒头
小麦面粉/g	5000（高筋小麦粉）	5000（中筋小麦粉）
即发干酵母/g	10	10
碱/g	7	7
水/g	1800	2200

四、实验方法与步骤

1. 工艺流程

材料准备→和面→发酵→（戗面）→揉面→成型→醒发→汽蒸→冷却→包装→成品

2. 操作技术要点

（1）雪花馒头操作技术要点

① 和面　将 80%的面粉、全部酵母放入和面机中拌匀，加入所有温水，搅拌至面团均匀。

② 发酵　在温度 30～35℃，相对湿度 70%～90%的发酵室内，发酵 70～100min，至面团完全发起，内部呈大孔丝瓜瓤状。

③ 戗面　发好面团再入和面机，加入剩余面粉，用少许水将碱化开也倒入和面机。搅拌 6～10min，至面团无黄斑，无大气孔。

④ 揉面　将和好的面团分割成 2.5kg 左右的面块，在揉面机上揉轧 20 遍左右，使面团细腻光滑。

⑤ 成型　轧好的面片放于案板上，卷成长条，刀切分割为一定大小的馒头形状。圆边紧靠成排放于托盘上，上蒸车。

⑥ 醒发　推蒸车入醒发室，醒发 30～50min，至馒头开始胀发。

⑦ 汽蒸　整车馒头推入蒸柜，0.3～0.4MPa 汽蒸 24～28min（100～140g 大小的馒头）。

⑧ 冷却、包装　蒸好的馒头放于无风的环境中，冷却 10～15min，装入塑料袋中，再装入保温箱中。

（2）杠子馒头（长馍）操作技术要点

① 和面　将全部面粉、酵母倒入和面机中，搅拌混匀，加入水和面 8～12min，至物料分散均匀，面团形成。调节水温，使和好的面团达到 33℃左右。

② 发酵　在温度 30～35℃，相对湿度 70%～90%的发酵室内，发酵 50～90min，至面团内部呈大孔丝瓜瓤状。

③ 揉面　发好面团再入和面机，少许水将碱化开也倒入和面机。搅拌 3～5min，至面团均匀，无黄斑，无大气孔。将和好的面团分割成 2.5kg 左右的面块，在揉面机上揉轧 10～15 遍，使面团细腻光滑。

④ 成型　轧好的面片放于案板上，卷成长条，分割为 80～140g 的面剂，将面剂用手揉成长圆形，排放于托盘上。

⑤ 醒发　排放馒头后的托盘上蒸车，推入醒发室，醒发 50～70min，至馒头胀发。

⑥ 汽蒸　整车馒头推入蒸柜，0.3～0.4MPa 汽蒸 22～28min。

⑦ 冷却、包装　蒸好的馒头放于无风的环境中，冷却 10～15min，装入塑料袋中，再装入保温箱中。

五、实验现象与结果

1. 实验操作标准及参考评分

见表 3-4。

表 3-4　馒头实验操作标准及参考评分

序号	训练项目	工作内容	技能要求	评分
1	准备工作	（1）工作	能发现并解决卫生问题	5
		（2）备料	能进行原辅料预处理	5
		（3）检查工器具	检查设备运行是否正常	5
2	和面调制	（1）投料顺序	按照馒头配方要求正常投料	5
		（2）面团调制	能根据不同产品工艺要求正确调制面团	10
3	静置	正确掌握面团静置温度、湿度和时间		10
4	成型	（1）成型方式	熟练掌握各种成型方式	10
		（2）成型方式选择	根据不同类型的馒头选择正确的成型方式	10
5	发酵	（1）发酵温度	按照馒头要求控制好发酵温度和湿度	10
		（2）发酵时间	控制好馒头发酵时间	10
6	蒸制	根据不同馒头工艺和大小，设置蒸制时间		20

2．考核要点及参考评分

馒头考核要点及参考评分见表 3-5，总分 100 分。

表 3-5　馒头考核要点及参考评分

项目		满分	评分标准	测量值
外部 （35分）	体积/mL	20	计算比容，2.30mL/g 为满分，每少 0.1 扣 1 分	
	质量/g			
	比容/(mL/g)			
	外观形状	15	表皮光滑，对称，挺：12.1～15 中等：9.1～12 分 表皮粗糙，有硬块，形状不对称：1～9 分	
内部 （65分）	色泽	10	白、乳白、奶白：8.1～10 分 中等：6.1～8 分 发灰、发暗：1～6 分	
	结构	15	纵剖面气孔小均匀：12.1～15 分 中等：9.1～12 分 气孔大而不均匀：1～9 分	
	弹韧性	20	用手指按复原性好，有咬劲：16.1～20 分 中等：12.1～16 分 复原性、咬劲均差：1～12 分	
	黏性	15	咀嚼爽口不粘牙：12.1～15 分 中等：9.1～12 分 咀嚼不爽口、发黏：1～9 分	
	气味	5	具麦清香、无异味：4.1～5 分 中等：3.1～4 分 有异味 1～3 分	
总分		100		

六、注意事项

①蒸馒头勿用热水，因为生冷的馒头突然遇到热气，表面黏结，容易使馒头夹生。正确的方法应是在锅内加冷水，放入馒头后，再加热升温，可使馒头均匀受热，松软可口。

②发酵粉溶于温水中，水温不能超过 40℃。

③发好的面团如果觉得有酸味，可以加一点碱面中和（一般只要不是发得太过也可不加）。

④蒸馒头的过程中不要掀开锅盖，关火后闷十分钟再掀盖，防止馒头塌陷。

七、思考与讨论

①馒头出现裂口、裂纹的原因及解决办法？

②馒头出现发黏无弹性的原因及解决办法？

③ 馒头内部空洞不够细腻的原因及解决办法？

④ 蒸馒头判断生熟有哪几种方法？

第二节 面包的加工

实验一 主食面包的制作与质量检验

一、实验目的

① 了解和掌握面包生产的工艺流程和操作技术要点。

② 了解和掌握面包制作基本原理。

③ 了解和掌握各种原料的性质以及在面包中所起的作用。

④ 掌握纠正面包出现常见质量问题的方法。

二、主食面包制作工艺

主食面包是以高筋面粉、酵母、水、盐为基本材料，不添加过多辅料（油脂用量低于 6%，糖用量低于 10%），经面团调制、发酵、整形、醒发、烘烤、冷却工艺而制成的膨胀、松软的制品。

1. 面包的一次发酵生产工艺

配料→搅拌→发酵→切块→搓圆→整形→醒发→焙烤→冷却→成品

一次发酵法的优点是发酵时间短，提高了设备和车间的利用率，提高了生产效率，且产品的咀嚼性、风味较好。缺点是面包的体积较小，且易于老化；批量生产时，工艺控制相对较难，一旦搅拌或发酵过程出现失误，无弥补措施。

2. 面包的二次发酵生产工艺

种子面团配料→种子面团搅拌→种子面团发酵→主面团配料→主面团搅拌→主面团发酵→切块→搓圆→整形→醒发→焙烤→冷却→成品

二次发酵法的优点是面包的体积大，表皮柔软，组织细腻，具有浓郁的芳香风味，且成品老化慢。缺点是投资大，生产周期长，效率低。

3. 面包快速发酵生产工艺

配料→面团搅拌→静置→压片→卷起→切块→搓圆→成型→醒发→焙烤→冷却→成品

快速发酵法是指发酵时间很短或根本无发酵的一种面包加工方法。整个生产周期只需 2h。其优点是生产周期短、生产效率高，投资少，可用于特殊情况或应急情况下的面包供应。缺点是成本高，风味相对较差，保质期较短。

三、实验设备及材料

1. 实验设备

立式搅拌机或卧式搅拌机，压面机，醒发箱，面团分割机（选用），面团滚圆机（选用），成型机（选用），远红外线电烤炉，不锈钢操作工作台，刮板，擀面杖，电子秤，烤模，烤盘，模具，排笔，架子车，面团温度计，纸袋或塑料袋。

2. 材料

主食面包配料见表3-6。

表 3-6　主食面包配料

材料名称	北京主食面包配方	法国主食面包配方	英美主食面包配方
标准粉/%	100	100	100
酵母/%	1～1.2	2.0	2.5
白砂糖/%	5～6	1.0	8～10
食盐/%	0.5～1.5	2.0	2.25
添加剂/%	1.2	—	0.5
油脂/%	2～3	4.0	3
乳粉/%	—	—	0.3～0.5
甜味剂/%	—	0.08	—

四、实验方法与步骤

1. 二次发酵工艺流程

原辅料处理→第一次调粉→第一次发酵→第二次调粉→第二次发酵→整形→醒发→烘烤→冷却→包装

2. 操作技术要点

（1）原辅料处理　按实际用量称量各原辅料,并进行一定处理。用10倍量的温水对酵母进行活化处理，面粉需过筛,盐和面包改良剂与面粉混匀,固体油脂需水浴熔化，冷却后备用。

（2）第一次调粉　取面粉的80%，水的70%及全部酵母（预先用少量30～36℃的水溶化）一起加入调粉机中，先慢速搅拌约3min，物料混合后中速搅拌约10min左右使物料充分起筋成为粗稠而光滑的酵母面团，调制好的面团温度应为30～32℃。

（3）第一次发酵　面团中插入一根温度计，放入32℃恒温培养箱中的容器内，静置发酵2～2.5h，观察发酵成熟（发起的面团用手轻轻一按能微微塌陷）即可取出。注意发酵时面团温度不要超过 33℃。

（4）第二次调粉　剩余的原辅料（糖盐等固体应先用水溶化）与经上述发酵成熟的面团一起加入调粉机。先慢速搅拌成团，加入油脂后改成中速继续搅拌成光滑均一的成熟面团（10～12min）。搅拌后面团的最佳温度为 33℃。

（5）第二次发酵　和好的面团放入发酵室内进行第二次发酵，发酵条件为温度 30℃左右,相对湿度 70%～75%,发酵时间约 2h，发至成熟。

发酵成熟度经验判断方法常用的有以下两种。

一是回落法。用肉眼观察面团的表面若出现略向下塌陷的现象，则表示面团已发酵成熟。

二是手触法。将手指轻轻压入面团表面顶部，待手指离开后，看其面团的变化情况。

① 面团成熟　面团经手指接触后，不再向凹处塌陷、被压凹的面团也不立即恢复原状。仅在面团的凹处四周略微向下落，则表示面团发酵已经成熟，应立即进行下道工序操作。

② 成熟不足　面团被触形成的凹处，在手指离开后很快恢复原状。则表示面团发酵不足，应延长发酵时间，促使面团成熟。

③ 发酵过度　如果面团的凹处随手指离开而很快就向下陷落,即表示面团发酵过度。

（6）整形

① 分块　按成品面包重量 110%的比例，将发酵好的面团分割成均匀一致的面坯。分块要在 15～20min 内完成。

② 搓圆　搓圆是将不规则的面块搓成圆球形状,恢复在分割过程中被破坏的面筋网络结构。手工搓圆的要领是手心向下，用五指握住面团，向下轻压，在面案上顺一个方向迅速旋转，将面团搓成球状。

③ 静置　将搓圆后的面坯用保鲜膜或防油纸盖住，放置 12～18min，使面筋松弛，利于做型。

④ 做型　按照不同的品种及设计的形状采用相应的方法做型。

（7）醒发　烤盘预热刷油后，将成型面包坯均匀摆放在烤盘内，表面刷一薄层蛋液后，送入醒发箱中，醒发条件为温度 38～40℃，相对湿度 80%～90%，醒发时间 55～60min。

（8）烘烤　将醒发好的面团放入烤炉中，烘烤初期，烤炉的面火温度 160℃,底火温度 185℃；烘烤后期，烤炉的面火温度 210～220℃，底火温度 185℃，时间约 20min。

（9）冷却　将烤熟的面包从烤炉中取出，自然冷却后包装。

五、实验现象与结果

1. 实验操作标准及参考评分

见表 3-7。

表 3-7　主食面包实验操作标准及参考评分

序号	训练项目	工作内容	技能要求	评分
1	准备工作	（1）清洁工作	能发现并解决卫生问题	5
		（2）备料	能进行原、辅料预处理	5
		（3）检查工器具	检查设备运行是否正常	5
2	面团调制与发酵	（1）配料	能按照产品配方计算出原、辅料实际用量	10
		（2）搅拌	能根据产品配方和工艺要求正确掌握和面时间以及搅拌速度	10
		（3）发酵	正确进行发酵温度和湿度设置	10
3	整形与醒发	（1）面团分割称重	能按不同产品要求在一定条件下完成定量和分割	5
		（2）整形	熟练掌握各种成型方式进行整形	10
		（3）醒发	能按照主食面包的工艺要求进行正确醒发	10
4	烘烤	烘烤条件设定	能按不同产品的特点控制烘烤过程	10
5	装饰	装饰材料的准备	能调制多种装饰材料	5
		装饰材料的使用	能用调制的多种装饰材料对产品表面进行装饰	5
6	冷却	（1）设备使用	正确使用冷却装置	5
		（2）参数控制	能控制产品冷却时间及冷却完成时的内部温度	5
7	包装	包装方法	根据产品特点选择相应的包装方法	5

2. 考核要点及参考评分

把面包的品质分为外部和内部两个部分来评定，外表部分占30%，包括体积、表皮颜色、外表式样、焙烤均匀程度、表皮质地等五个部分。内部的评价占总分的70%，包括颗粒、内部颜色、香味、味道、组织结构等五个部分。一个标准的面包很难达到95分以上，但最低不可低于85分。主食面包考核要点及参考评分见表 3-8。

表 3-8　主食面包考核要点及参考评分

项目		要求	评分
面包外部评分	（1）体积	烤熟的面包必须要膨胀至一定的程度。膨胀过大，会影响到内部组织，使面包多孔而过分松软；如膨胀不够，会使组织紧密，颗粒粗糙。在做烘焙试验时，面包体积大小是用"面包体积测定器"来测量，它的单位为 g/cm³。用测出的面包体积来除此面包的质量，所得的商即为此面包的体积比，根据算出的体积比就可以给予体积评分	5

续表

项目		要求	评分
面包外部评分	（2）表皮式样	面包表皮颜色是由于适当的烤炉温度和配方内糖的使用而产生的，正常的表皮颜色应是金黄色，顶部较深而四边较浅，正确的颜色不但使面包看起来漂亮，而且更能产生焦香味	5
	（3）外表式样	正确的式样不但是顾客选购的焦点，而且也直接影响到内部的品质。面包出炉后应方方正正，边缘部分稍呈圆形而不过于尖锐，两头及中央应一般齐整，不可有高低不平等现象	5
	（4）烘烤均匀	面包应具有金黄的颜色，顶部稍深而四周及底部稍浅。如果出炉后的面包上部黑而四周及底部呈白色的，则这块面包一定没有烤熟；相反，如果底部颜色太深而顶部颜色浅，则表示烘焙时所用的底火太强，这类面包多数不会膨胀得很大，而且表皮很厚，韧性太强	5
	（5）表皮质地	良好的面包表皮应该薄而柔软。配方中适当的油和糖的用量以及发酵时间控制得恰当与否，均对表皮质地有很大的影响，配方中油和糖的用量太少会使表皮厚而坚韧，发酵时间过久会产生灰白而有碎片的表皮。发酵不够则产生深褐色、厚而坚韧的表皮。烤炉的温度也会影响到表皮的质地，温度过低烤出的面包表皮坚韧且无光泽；温度过高则表皮焦黑而龟裂	10
面包内部评分	（1）颗粒	面包的颗粒是指断面组织的粗糙程度、面筋所形成的内部网状结构，焙烤后外观近似颗粒的形状。此颗粒不但影响面包的组织，更影响面包的品质。如果面团在搅拌和发酵过程中操作适宜，此面团中的面筋所形成的网状组织较为细腻，烤好后面包内部的颗粒也较细小，富有弹性和柔软性，面包在切片时不易碎落。如果使用面粉的筋度不够或者搅拌和发酵不当，则面筋所形成的网状组织较为粗糙且无弹性，因此烤好后的面包形成粗糙的颗粒，冷却切割后有很多碎粒纷纷落下。评定颗粒标准的原则是颗粒大小一致，由颗粒所影响的整个面包内部组织应细柔而无不规则的孔洞	15
	（2）内部颜色	面包内部颜色应呈洁白或浅乳白色并有丝样的光泽，其颜色的形成多半是面粉的本色，但丝样的光泽是面筋在正确的搅拌和良好发酵状况下才能产生的。面包内部颜色也受到颗粒的影响。粗糙不均的颗粒或多孔的组织，会使面包受到颗粒阴影的影响变得黝暗或灰白，更谈不上会有丝样的光泽	10
	（3）香味	评定面包的香味，是将面包的横切面放在鼻前，用两手压迫面包，嗅闻所发出来的气味。如果发现酸味很重，可能是发酵时间过久，或是搅拌时面团的温度太高，如闻到的味道是淡淡的稍带甜味，则证明是发酵的时间不够。面包不可有霉味、油的酸败味或其他香料感染的气味	10
	（4）味道	正常主食用的面包在入口咀嚼时略具咸味，而且面包咬入嘴内应很容易地嚼碎，且不粘牙，不可有酸和霉的味道。含有甜味的面包是作甜面包用的，主食用的面包不可太甜	20
	（5）组织结构	本项也与面包的颗粒有关，搅拌适当和发酵健全的面包，内部结构均匀，不含大小不均的蜂窝状的孔（法国式面包除外）。结构的好坏可用手指触摸面包的切割面，如果感到柔软、细腻，即为结构良好的面包，反之触摸到粗糙即为结构不良	15

六、注意事项

① 在使用各种机器进行操作时，首先必须阅读机器的使用说明书，熟悉机器的使用方法及其性能，根据面包制作各个步骤的要求，正确操作。

② 制作软式主食面包要求尽量多加水，形成柔软面团，这样成品组织细腻，口感松软，富有弹性，且保鲜期较长。但也不是水越多越好，太多的水会使面团稀软，整形操作困难，不易烤熟，且面包成品容易在两侧向内陷入，吃时粘牙。面团的加水量应视所用小麦粉的吸水量和面团配方的成分而定。根据实验条件，严格计算水温。一般配方中有糖、油、蛋等成分，加水量应少些；而有奶粉的配方则应适当增加。改良剂因种类不一，用量应照说明使用。

③ 在搅拌面团时要特别注意搅拌终点（即面筋完全扩展）的判断，搅拌不足会降低面包质量，更不能搅拌过度。判断面团是否达到面筋完全扩展的程度，可用手触摸面团顶部，感觉有黏性，但手离开面团不粘手，且面团表面有手指黏附的痕迹，但很快消失，说明面团已达完全扩展。

④ 所用面包听模的大小应与分割面团的质量大小相适应。听模太大，会使面包内部组织不均匀、颗粒粗糙；听模太小，则影响面包体积，使顶部胀裂严重。听模在装入面团之前，要注意使其温度与室温基本相同，太高和太低都不利于醒发。严格控制发酵程度和醒发程度，在实际操作中，尤其要注意到这一点，刚出炉的面包听模不能立即用于装盘，必须冷却到32℃左右方能使用。

⑤ 整个操作过程中尽量不要撒干粉，干粉过多会使面包内部出现大的孔洞或条状硬纹。如在操作中面团粘手不便于操作，可用手指蘸些液态油在两手掌中摩擦，手上形成一层均匀的薄油膜便可防止面团粘连，有利于操作。

⑥ 烘烤面包时，要特别注意炉温的控制。面坯入炉前可将炉温调得稍高一点，因为在打开炉门放进烤盘时，会造成一部分热量的损失，适当调高入炉温度，主要是为了避免入炉时炉温下降得太低，影响烘烤质量。烘烤时要注意根据不同类型烤炉的特点来控制炉温，如烤炉有炉温不均匀现象，那么在烘烤过程中就要适时调转烤盘方向，使成品成熟均匀，保证成品质量。

七、思考与讨论

① 面包体积过小原因及解决办法？

② 面包内部组织粗糙原因及解决办法？

③ 面包表皮过厚原因及解决办法？

④ 面包保鲜期不长原因及解决办法？

⑤ 制作面包对面粉材料有何要求？

⑥ 如何控制面团温度？

⑦ 影响面团搅拌的因素有哪些？

⑧　面团搅拌不足或过度的危害有哪些？

⑨　面团发酵的主要目的是什么？

⑩　面团发酵成熟度对面包品质有哪些影响？

⑪　影响面团发酵速度的因素有哪些？

⑫　什么是发酵损失？

⑬　影响发酵损失的因素有哪些？

⑭　二次发酵法的特点有哪些？

⑮　面团醒发时应注意哪些事项？

⑯　烤炉为什么要提前预热？

实验二　甜面包的制作与质量检验

一、实验目的

①　了解和掌握一次发酵法生产面包的工艺流程及技术要点。

②　了解和掌握一次发酵法面包制作基本原理。

③　了解和掌握各种原料的性质以及在面包中所起的作用。

二、实验原理

1．概念

甜面包是以高筋面粉、酵母、水、盐为基本材料，添加多种辅料（其中油脂用量高于 6%，糖用量高于 10%），经面团调制、发酵、整形、醒发、烘烤、冷却工艺而制成的膨胀、松软的制品。

2．面包一次发酵生产工艺

一次发酵法是指将所有的原辅料一次投料进行和面，然后发酵、成型、醒发、焙烤、冷却制作面包的方法。一次发酵法制作的面包是通过活性酵母对含有面筋蛋白的小麦面粉进行一次性发酵，从而制作出符合质量要求的普通面包。该方法具有简单易做、生产周期短、设备投资低等特点，是目前面包食品厂生产普通种类面包的常用方法。

3．甜面包的配方设计

甜面包品种繁多，风味各异，在配料中使用较多的糖、油脂、鸡蛋、乳粉等，以提高产品档次。

三、实验设备及材料

1．实验设备

立式搅拌机或卧式搅拌机，压面机，醒发箱，面团分割机（选用），远红外线电烤炉，不锈钢操作工作台，刮板，擀面杖，电子秤，烤模，烤盘，模具，架子车，面团温度计，纸袋或塑料袋。

2. 材料

甜面包配料见表 3-9。

表 3-9 甜面包配料

材料名称	甜面包配方 1	甜面包配方 2	甜吐司面包配方
标准粉/%	100	100	100
水/%	46	50	40～50
白砂糖/%	18	20	20
鲜鸡蛋/%	4	10	5
活性酵母/%	夏天 1.2，冬天 2.0	1（即发干酵母）	1（即发干酵母）
奶粉/%	1	5	4
食盐/%	1	1	0.8
改良剂/%	0.3	—	1（梅山 M Ⅲ改良剂）
黄油或奶油/%	3	10	5
豆油/%	2	—	—
奶精/%	0.15	1	—
香兰素/%	0.07	—	—

四、实验方法与步骤

1. 一次发酵工艺流程

原辅料处理→搅拌→发酵→切块→搓圆→整形→醒发→焙烤→冷却→包装→成品

2. 操作技术要点

（1）原辅料处理 按实际用量称量各原辅料,并进行一定处理。用 10 倍量的温水对酵母进行活化处理,面粉需过筛,盐和面包改良剂与面粉混匀,固体油脂需水浴熔化,冷却后备用。

（2）搅拌 将配方内的面粉、糖、盐、香精和改良剂等干性物料先放入调粉机内,再倒入活化后的酵母、水、蛋液,先低速搅拌约 3min,再中速搅拌至面团表面呈光滑状,大约 7min,停止搅拌,按配方加入黄油、豆油等油脂,再中速搅拌至面团成熟（大约 10min）,调好后的面团温度控制在 26℃左右,成熟的面团表面光滑,有弹性,用手能撕出面筋薄膜。

（3）发酵 调好的面团装入不锈钢盆,在发酵箱内进行发酵,发酵条件为温度28℃左右,相对湿度 70%～80%,基本发酵 2h,经翻面后再延续发酵 1h 左右,发至成熟。发酵成熟度判定与"主食面包"发酵终点相同。

（4）整形

① 分块 发酵结束后取出全部面团,按要求分割成重量相等的小块面坯,每

块面坯都必须用台秤过称，以保证重量的一致，面坯的重量按下式计算：

$$面坯重量=成品重量×110\%$$

② 搓圆 手工搓圆的要点是手心向下，用五指握住面团，向下轻压，在面板上顺着一个方向迅速旋转，就可以将不规则的面坯搓成球形，面坯搓圆后置于烤盘中，烤盘须事先涂上油。

③ 静置 将搓圆后的面坯用保鲜膜或防油纸盖住，在面案上放置 12～18min，使面筋松弛，利于做型。

④ 做型 按照不同的品种及设计的形状采用相应的方法做型。

（5）醒发 将成型装盘后的面坯送入醒发箱内，醒发条件为温度 38～40℃，相对湿度 80%～90%，醒发时间 55～60min。

（6）烘烤 将醒发好的面团放入事先预热好的烤炉中，入炉以 180～240℃的温度烘烤 5min（根据面包大小选择合适炉温），取出刷蛋液上色（也可以先刷，但容易塌陷），再入炉烘烤，一般需要再烘烤 10～40min，烘烤至表面呈金黄色，烤熟为止。

（7）冷却、包装 将烤熟的面包从烤炉中取出，自然冷却后包装。

（8）成品质量鉴定 成品质量鉴定与"主食面包"成品质量鉴定同。

五、实验现象与结果

1. 实验操作标准及参考评分

见表 3-10。

表 3-10　甜面包实验操作标准及参考评分

序号	训练项目	工作内容	技能要求	评分
1	准备工作	（1）清洁工作	能发现并解决卫生问题	5
		（2）备料	能进行原、辅料预处理	5
		（3）检查工器具	检查设备运行是否正常	5
2	面团调制	（1）配料	能按照产品配方计算出原、辅料实际用量	10
		（2）搅拌	能根据产品配方和工艺要求正确掌握和面时间以及搅拌速度	10
3	整形与醒发	（1）面团分割称重	能按不同产品要求在一定条件下完成定量和分割	5
		（2）整形	熟练掌握各种成型方式进行整形	15
		（3）醒发	能按照甜面包的工艺要求进行正确醒发	15
4	烘烤	烘烤条件设定	能按不同产品的特点控制烘烤过程	20
5	冷却	（1）设备使用	正确使用冷却装置	5
		（2）参数控制	能控制产品冷却时间及冷却完成时的内部温度	
6	包装	包装方法	根据产品特点选择相应的包装方法	5

2. 考核要点及参考评分

甜面包的品质考核及参考评分见"主食面包考核要点及参考评分"标准。

六、注意事项

① 面团搅拌注意要点 面团最佳搅拌时间应根据搅拌机的类型和原辅料的性质来确定。目前,国产搅拌机绝大多数不能够变速,搅拌时间一般需 15~20min。如果使用变速搅拌机,只需 10~12min。变速搅拌机,一般慢速(15~30r/min)搅拌 5min,快速(60~80r/min)搅拌 5~7min。面团的最佳搅拌时间还应根据面粉筋力、面团温度、是否添加氧化剂等多种因素,在实践中摸索。

② 发酵时间因使用的酵母(鲜酵母、干酵母)、酵母用量以及发酵方式的不同而差别较大。面团的发酵时间由实际生产中面团的发酵成熟度来确定,具体见主食面包发酵操作技术要点。

③ 面包焙烤的温度和时间取决于面包辅料成分多少、面包的形状、大小等因素。焙烤条件的范围大致为 180~220℃,时间 15~50min。焙烤的最佳温度、时间组合必须在实践中摸索,根据烤炉不同、配料不同、面包大小不同具体确定,不能生搬硬套。

七、思考与讨论

① 面团调制时,油脂不在后期添加对成品面包有何影响?

② 面团发酵中"翻面"能起到什么样的作用?

③ 根据你所制作的面包质量,总结实验成败的原因?

第三节 饼干的加工

实验一 酥性饼干的制作与质量检验

一、实验目的

① 了解和掌握酥性饼干生产原理、工艺流程和制作方法。

② 掌握酥性饼干的特性和有关食品添加剂的作用及使用方法。

二、实验原理

饼干是以小麦粉(或糯玉米)为主要材料,加入(或不加入)糖、油脂及其他辅料,经调粉、成型、烘烤制成的水分低于 6.5%的松脆食品。饼干口感酥松,水分含量少,体积轻,块形完整,易于储藏,便于包装盒携带,食用方便。

目前，我国饼干行业执行的《中华人民共和国轻工行业标准——饼干通用技术条件》（QB/T 1253—2005）中，对饼干分类进行了规范，标准中按加工工艺的不同把饼干分为了 12 类，其中酥性饼干定义如下：

酥性饼干是以小麦粉、糖、油脂为主要材料，加入疏松剂、改良剂和其他辅料，经冷粉工艺调粉、辊压或不辊压、成型、烘烤制成的表面花纹多为凸花、断面结构呈多孔状组织、口感酥松或松脆的饼干。

三、实验设备及材料

1．实验设备

HWT50 型不锈钢和面机，小型多用饼干成型机，远红外食品烤箱，面盆，烤盘，研钵，刮刀，帆布手套，台秤，卡尺，面筛，塑料袋，塑料袋封口机，切刀，调温调湿箱，压片机，手工成型模具，擀筒，打蛋机，注浆机或挤浆布袋等。

2．材料

见酥性饼干配料表 3-11。

表 3-11　酥性饼干配料

材料名称	酥性饼干配方/kg	橘蓉饼干/kg	椰蓉饼干/kg
标准粉	45	50	50
淀粉	5	—	—
磷脂	0.5	0.5	0.8
碳酸氢铵	0.2	0.15	0.15
白砂糖	20	18	17
精盐	0.15	0.3	0.3
香兰素	0.008	80mL（橘子香精油）	25mL（椰子香精油）
起酥油	8	5.5（植物油）	10（椰子油）
小苏打	0.3	0.3	0.3
饴糖	—	2	1.5
抗氧化剂	—	—	0.002
柠檬酸	—	—	0.001
水	适量	适量	适量

四、实验方法与步骤

1．工艺流程

原辅材料的选择与处理→面团调制→辊轧→成型→烘烤→冷却→包装→成品

2．操作技术要点

（1）面团调制　先将糖、油、膨松剂等辅料与适量的水倒入和面机内均匀搅拌形成乳浊液,然后将面粉、淀粉倒入和面机内,调制6～12min。香精要在调制成乳浊液的后期再加入,或在投入面粉时加入。

(2)辊轧 酥性面团使用压片机滚轧,面片厚度为2～4cm,较韧性面团的面片为厚。由于酥性面团中油、糖含量多,轧成的面片质地较软,易于断裂,所以不应多次滚轧,更不要进行90°转向,一般以3～7次单向往复滚轧即可,也有采用单向一次滚轧的。

(3)成型 经滚轧工序轧成的面片,经各种型号的成型机制成各种形状的饼干坯,如鸡形、鱼形、兔形、马形和各种花纹图案。

(4)烘烤 烘烤炉的温度和饼干坯烘烤的时间,随着饼干品种与块形大小的不同而异。酥性饼干炉温控制在240～260℃,烘烤3.5～5min,成品含水率为2%～4%。

(5)冷却 烘烤完毕的饼干,出炉温度一般在100℃以上,水分含量也稍高于冷却后成品的水分含量,应及时冷却到25～35℃。在夏、秋、春的季节中,可采用自然冷却法。如果加速冷却,可以使用吹风,但空气的流速不宜超过2.5m/s,否则水分蒸发过快,易产生破裂现象。

五、实验现象与结果

1. 实验操作标准及参考评分

见表3-12。

表3-12 饼干实验操作标准及参考评分

序号	训练项目	工作内容	技能要求	评分
1	准备工作	(1)工作	能发现并解决卫生问题	5
		(2)备料	能进行原辅料预处理	5
		(3)检查工器具	检查设备运行是否正常	5
2	面团调制	(1)投料顺序	按照酥性饼干配方要求正常投料	10
		(2)面团调制	能根据不同产品工艺要求正确调制面团	10
3	辊轧	(1)辊轧原理	正确掌握各种产品面团辊轧原理	10
		(2)操作要点	正确掌握各种饼干的面团辊轧要点	10
4	成型	(1)成型方式	熟练掌握各种成型方式	10
		(2)成型方式选择	根据不同类型的饼干选择正确的成型方式	10
5	烘烤	参数控制	根据不同类型饼干控制好烘烤时工艺参数	15
6	冷却	参数控制	掌握不同类型饼干冷却的条件和要求	5
7	包装	包装材料选择	按照不同类型饼干选择合适的包装材料	5

2. 考核要点及参考评分

饼干的品质评定包括色泽鉴别、形状鉴别、组织结构鉴别、气味和滋味鉴别等几个部分。酥性饼干考核要点及参考评分见表 3-13，总分 100 分。

表 3-13　酥性饼干考核要点及参考评分

项目		要求	评分
（1）色泽	优良饼干	表面边缘和底部呈均匀的浅黄色和金黄色，无阴影，无焦边，有油润感	20～25
	次质饼干	色泽不均匀，表面有阴影，有薄面，稍有异常颜色	15～20
	劣质饼干	表面色重，底部色重，发花（黑黄不均）	10～15
（2）形状	优良饼干	块形整齐，薄厚一致，花纹清晰，不缺角，不变形，不扭曲	20～25
	次质饼干	花纹不清晰，表面起泡，缺角，收缩，变形，但不严重	15～20
	劣质饼干	起泡，破碎严重	10～15
（3）组织结构	优良饼干	组织细腻，有细密而均匀的小气孔，用手掰易折断，无杂质	20～25
	次质饼干	组织粗糙，稍有污点	15～20
	劣质饼干	有杂质，发霉	10～15
（4）气味和滋味	优良饼干	甜味纯正，酥松香脆，无异味	20～25
	次质饼干	不酥脆	15～20
	劣质饼干	有油脂酸败味	10～15

六、注意事项

① 香精要在调制成乳浊液的后期再加入，或在投入小麦粉时加入，以便控制香味过量挥发。

② 面团调制时，夏季因气温较高，搅拌时间可缩短 2～3min。面团温度要控制在 22～28℃。油脂含量高的面团，温度控制在 22～25℃。夏季气温高，可以用冰水调制面团，以降低面团温度。

③ 如面粉中湿面筋含量高于 40%时，可将油脂与面粉调成油酥式面团，然后再加入其他辅料，或者在配方中抽掉部分面粉，换入同量的淀粉。

④ 面团调制均匀即可，不可过度搅拌，防止面团起筋。

⑤ 面团调制操作完成后不必长时间静置，应立即轧片，以免起筋。

七、思考与讨论

① 饼干收缩变形产生的原因和解决办法？

② 饼干粘底原因及解决办法？

③ 饼干不上色原因及解决办法？

④ 饼干冷却后依旧发软、不松脆的原因及解决办法？

⑤ 饼干易碎产生原因及解决办法？

实验二 韧性饼干的制作与质量检验

一、实验目的

① 了解和掌握韧性饼干生产原理、工艺流程和技术要点。

② 掌握韧性饼干的特性和有关食品添加剂的作用及使用方法。

二、实验原理

韧性饼干是以小麦粉、糖（或无糖）、油脂为主要材料，加入疏松剂、改良剂和其他辅料，经熟粉工艺调粉、辊压、成型、烘烤制成的表面花纹多为凹花、外观光滑、表面平整、一般有针眼、断面结构有层次、口感松脆的饼干。

韧性饼干又可细分为 4 种：普通韧性饼干、冲泡韧性饼干、超薄韧性饼干、可可韧性饼干。

三、实验设备及材料

1. 实验设备

电炉、台秤、喷水器、调粉机、小型压面机、饼干成型模具、烤盘、远红外烤箱。

2. 材料

韧性饼干配料见表 3-14。

表 3-14 韧性饼干配料

材料名称	韧性饼干配方 1/kg	韧性饼干配方 2/kg	杏元饼干配方/kg
标准粉	9	5	7
淀粉	1	—	—
磷脂	0.01	—	—
碳酸氢铵	0.04	0.08	—
白砂糖	3	0.60	7
饴糖	0.4	—	—
香精油	17.6mL（香蕉香精油）	20mL（芝麻香精）	20mL（香草香精）
植物油	0.76	0.5	—
精制油	1.2	—	—
精盐	0.04	—	—
小苏打（碳酸氢钠）	0.06	0.04	—

续表

材料名称	韧性饼干配方 1/kg	韧性饼干配方 2/kg	杏元饼干配方/kg
奶粉	—	0.20	—
泡打粉	—	0.02	—
单甘酯	—	0.005	—
香兰素	—	0.005	—
二丁基羟基甲苯（BHT）	—	0.001	—
焦亚硫酸钠	—	0.01	—
鸡蛋	—	0.60	10
芝麻	—	—	适量
水	适量	1.60	—

四、实验方法与步骤

1. 工艺流程

原辅料预处理→面团调制→压片→成型→摆盘→焙烤→冷却→包装→成品

2. 操作技术要点

（1）面团调制 由于韧性面团用油量一般较少，用水量较大，可先将面粉加入搅拌机中搅拌，然后将植物油、白砂糖、鸡蛋、奶粉等辅料加热水混匀后，缓慢倒入搅拌机中。焦亚硫酸钠及单甘酯应在面团初步形成时加入；由于韧性面团调制温度较高，疏松剂（碳酸氢铵、碳酸氢钠、泡打粉）及香精应在面团调制的后期加入，以减少分解和挥发。

面团温度直接影响面团的流变学性质，根据经验，韧性面团温度一般在 38～40℃。面团的温度常用加入的水或糖浆的温度来调整，冬季用水或糖浆的温度为 50～60℃，夏季 40～45℃。面团调制时间为 30～40min。

（2）压片与成型 调制好的面团在其调制成熟后需静置 10～15min，以保持面团性能稳定，然后压片。用手工或用小型压面机反复压片，最后压成 2～4mm 的面片。将压好的面片用模具冲印成型。

（3）摆盘 烤盘在使用前要预热，并在其上涂抹食用油，以防粘盘；将成型饼干坯均匀地摆在盘上，坯与坯之间保持一定距离，不可太近，以防粘连。

（4）烘烤 先对烤盘中的饼干坯子喷一次雾（水）。其目的是使饼干在烘烤过程中受热均匀，防止饼干表面焦煳，中心夹生。喷雾可延缓饼干表面成熟的速度。同时，又可避免因炉内温度过高而引起的饼干龟裂现象。喷雾后，将烤盘放于远红外烤箱中以 180～220℃的温度烘烤 5～10min。

（5）冷却与包装 饼干出炉后应立即冷却，使温度降到 30～35℃，然后包装即为成品。

五、实验现象与结果

1. 实验操作标准及参考评分

见"表 3-12 饼干实验操作标准及参考评分"。

2. 考核要点及参考评分

韧性饼干考核要点及参考评分见表 3-15，总分 100 分。

表 3-15　韧性饼干考核要点及参考评分

项目		要求	评分
（1）色泽	优良饼干	表面、底部边缘都呈均匀一致的金黄色或草黄色，表面有光亮的糊化层	20～25
	次质饼干	色泽不太均匀，表面无光亮感，有生面粉或发花，稍有异色	15～20
（2）形状	优良饼干	形状整齐，薄厚均匀一致，花纹清晰，不起泡，不缺边角，不变形	20～25
	次质饼干	凹底面积已超过 1/3，破碎严重	15～20
（3）组织结构	优良饼干	内质结构细密，有明显的层次，无杂质	20～25
	次质饼干	杂质情况严重，内质僵硬，发霉变质	15～20
（4）气味和滋味	优良饼干	酥松香甜，食之爽口，味道纯正，有咬劲，无异味	20～25
	次质饼干	口感僵硬干涩，或有松软现象，食之粘牙，有化学疏松剂或化学改良剂的气味及哈喇味	15～20

六、注意事项

① 韧性面团温度的控制。冬季室温 25℃左右，可控制在 32～35℃；夏季室温 30～35℃时，可控制在 35～38℃。

② 韧性面团在辊轧以前，面团需要静置一段时间，目的是消除面团在搅拌期间因拉伸所形成的内部张力，降低面团的黏度与弹性，提高制品质量与面片工艺性能。静置时间的长短与面团温度有密切关系，面团温度高时，静置时间短；温度低时，静置时间长。一般要静置 10～20min。

③ 当面带经数次辊轧，可将面片转 90°，进行横向辊轧，使纵横两方向的张力尽可能地趋于一致，以便使成型后的饼坯能保持不收缩、不变形的状态。

④ 在烘烤时，如果烤炉的温度较高时，可以适当地缩短烘烤时间。炉温过低、过高都能影响成品质量，如过高容易烤焦，过低使成品不熟、色泽发白等。

七、思考与讨论

① 制作韧性饼干应采用什么面粉？为什么？
② 制作韧性饼干面团调制过程应注意哪些问题？

③ 制作韧性饼干碳酸氢钠与碳酸氢铵在饼干生产中的作用是什么？

④ 焦亚硫酸钠的作用是什么？

实验三 发酵饼干的制作与质量检验

一、实验目的

① 了解和掌握发酵饼干（苏打饼干）生产原理、工艺流程和制作方法。

② 掌握发酵饼干的特性和有关食品添加剂的作用及使用方法。

二、实验原理

发酵饼干是以小麦粉、糖、油脂为主要材料，酵母为疏松剂，加入各种辅料，经调粉、发酵、辊压、叠层、成型、烘烤制成的酥松或松脆、具有发酵制品特有香味的饼干。

发酵饼干也可细分为 3 种：甜发酵饼干、咸发酵饼干、超薄发酵饼干。

三、实验设备及材料

1. 实验设备

电炉、台秤、喷水器、调粉机、小型压面机、饼干成型模具、烤盘、远红外烤箱等。

2. 材料

发酵饼干配料见表 3-16。

表 3-16 发酵饼干配料

材料名称	发酵饼干配方/kg	奶油苏打饼干/kg
标准粉	50	50
起酥油	7.5	—
奶油	—	7.5
人造奶油	—	2.5
即发干酵母	0.6	—
精盐	0.7	0.7
小苏打（碳酸氢钠）	0.25	0.25
酒花液	—	2.5
改良剂	0.5	—
味精	适量	适量
香草素	适量	适量
水	23	17.5

四、实验方法与步骤

1. 工艺流程

原辅料预处理→第一次调粉和发酵→第二次调粉和发酵→辊轧→夹油酥→成型→焙烤→冷却→包装→成品

2. 操作技术要点

（1）第一次调粉和发酵　取即发干酵母 0.6kg 加入适量温水和糖进行活化，然后投入过筛后小麦粉 20kg 和 11kg 水进行第一次调粉，调制时间需 4～6min，调粉结束要求面团温度在 28～29℃。调好的面团在温度 28～30℃，湿度 70%～75%的条件下进行第一次发酵，时间为 5～6h。

（2）第二次调粉和发酵　将其余的小麦粉，过筛放入已发酵好的面团里，再把部分起酥油、精盐（30%）、面团改良剂、味精、小苏打、香草粉、大约 12kg 左右的水都同时放入和面机中，进行第二次调粉，调制时间需 5～7min，面团温度在 28～33℃，然后进行第二次发酵，在温度 27℃、相对湿度 75%下发酵3～4h。

（3）辊轧、夹油酥　把剩余的精盐、起酥油均匀拌和到油酥中。发酵成熟面团在辊轧机中辊轧多次，辊轧好后夹油酥，进行折叠并旋转 90°再辊轧，使面团光滑细腻。

（4）成型　采用冲印成型，多针孔印模，面带厚度为 1.5～2.0mm，制成饼坯。

（5）烘烤　在炉温 260～280℃，烘烤 6～8min 即可，成品含水率为 2.5%～5.5%。

（6）冷却、包装　出炉冷却 30min，包装即为成品。

五、实验现象与结果

1. 实验操作标准及参考评分

见"表 3-12 饼干实验操作标准及参考评分"。

2. 考核要点及参考评分

发酵饼干考核要点及参考评分见表 3-17，总分 100 分。

表 3-17　发酵饼干考核要点及参考评分

项目		要求	评分
（1）色泽	优良饼干	表面呈乳白色至浅黄色，起泡处颜色略深，底部金黄色	20～25
	次质饼干	色彩稍深或稍浅，分布不太均匀	15～20
	劣质饼干	表面黑暗或有阴影，发毛	10～15

续表

项目		要求	评分
（2）形状	优良饼干	片形整齐，表面有小气泡和针眼状小孔，油酥不外露，表面无生粉	20～25
	次质饼干	有部分破碎，片形不太平整，表面露酥或有薄层生粉	15～20
	劣质饼干	片形不整齐，缺边，缺角严重	10～15
（3）组织结构	优良饼干	夹酥均匀，层次多而分明，无杂质，无油污	20～25
	次质饼干	夹酥不均匀，层次较少，但无杂质	15～20
	劣质饼干	有油污，有杂质，层次间粘连结成一体，发霉变质	10～15
（4）气味和滋味	优良饼干	口感酥松香脆，具有发酵香味和本品固有的风味，无异味	20～25
	次质饼干	食之发艮或绵软，特有的发酵饼干味道不明显	15～20
	劣质饼干	因油脂酸败而带有哈喇味	10～15

六、注意事项

① 各种原辅料须经处理后才用于生产。小麦粉需过筛，以增加膨松性，去除杂质；糖需化成一定浓度的糖液；即发干酵母应加入适量温水和糖进行活化；油脂熔化成液态；各种添加剂需溶于水过滤后加入，并注意加料顺序。

② 必须计算好总液体加入的量，一次性定量准确，杜绝中途加水，且各种辅料应加入糖浆中混合均匀方可投入小麦粉。

③ 严格控制调粉时间，防止过度起筋或筋力不足。

④ 面团调制后的温度冬季应高一些，在28～33℃；夏季应低一些，在25～29℃。

⑤ 在面团辊轧过程中，需要控制压延比，未夹油酥前不宜超过 3：1；夹油酥后一般要求(2：1)～(2.5：1)。

⑥ 辊轧后与成型机前的面带要保持一定的下垂度，以消除面带压延后的内应力。

七、思考与讨论

① 制作发酵饼干起泡原因及解决办法？

② 饼干产生裂缝原因及解决办法？

③ 饼干口感粗糙产生原因及解决办法有哪些？

实验四 曲奇饼干的制作与质量检验

一、实验目的

① 了解和掌握曲奇饼干生产的原理、工艺流程和制作方法。

② 掌握曲奇饼干的特性和有关食品添加剂的作用及使用方法。

二、实验原理

曲奇饼干是以小麦粉、糖、乳制品为主要材料，加入疏松剂及其他辅料，经和面采用挤注或挤条、钢丝切割或辊印方法中的一种形式成型，烘烤制成的具有立体花纹或表面有规则花纹的饼干。

三、实验设备及材料

1．实验设备

电炉、台秤、喷水器、调粉机、小型压面机、饼干成型模具、糕点管、远红外烤箱、烤盘、搅拌器、电子秤、粉筛、裱花袋、裱花嘴、擀面杖、油纸、刮板等。

2．材料

曲奇饼干配料见表3-18。

表 3-18 曲奇饼干配料

材料名称	S（爱司饼干）/kg	纽扣曲奇饼干/kg	花色奶油曲奇饼干/kg
糕点粉	8	10	13.60
油脂	6（黄油）	5（猪油）	9.08（起酥油和奶油）
白砂糖	3	3	6.80
鸡蛋	3	2	4.54
香草精	适量	0.025	—
焙烤粉	—	0.3	—
奶粉	—	1	—
杏仁酱	—	—	2.27

四、实验方法与步骤

1．工艺流程

原辅料预处理→调粉→成型→焙烤→冷却→包装

2．操作技术要点

（1）S（爱司饼干）操作技术要点

① 在较高温度下，用蛋扦将黄油熔化。

② 加入白砂糖，搅拌均匀。

③ 将鸡蛋一个接一个打入（打入一只，搅匀一只）。

④ 倒入香草精（几滴）。

⑤ 加入糕点粉，用木板拌匀。注意：只要拌匀即可，不要用力，否则会上筋。

⑥ 烤盘刷油（不能太多，否则会打滑）。

⑦ 用裱花袋在烤盘做成"S"形曲奇饼干。

⑧ 入烤箱，温度 200℃；时间 10min 左右。

（2）纽扣曲奇饼干操作技术要点

① 按配方将焙烤粉、香草精混入面粉中。

② 把白砂糖加入鸡蛋中，搅拌溶解。再把猪油加入溶有糖的鸡蛋中，搅匀。

③ 把糕点粉逐渐混入油中，揉匀。不要过分用力揉面，防止面筋形成。

④ 把和好的面团，用曲奇模具挤入已经刷好油的托盘中，制成曲奇饼干。

⑤ 把曲奇放入烤箱中焙烤，温度 160℃，15min。待闻到香味后把面火降为 150℃，底火降为 140℃。再焙烤 5min。

⑥ 出炉的曲奇饼干用风扇吹冷。

（3）花色奶油曲奇饼干

① 将杏仁酱和白砂糖（预先处理成粉状）放在一起搓揉。

② 渐渐地加入鸡蛋（鸡蛋要逐渐加入，否则得不到预期的效果），以得到均匀的糊状物。加入起酥油搅打到光亮。

③ 加入糕点粉并搅匀即可（不要过分）。

④ 然后用糕点管做成各种形状。

⑤ 入烤箱，烘烤温度 190℃，时间 10min 左右。

五、实验现象与结果

1. 实验操作标准及参考评分

见"表 3-12 饼干实验操作标准及参考评分"。

2. 考核要点及参考评分

曲奇饼干考核要点及参考评分见表 3-19，总分 100 分。

表 3-19　曲奇饼干考核要点及参考评分

项目		要求	评分
（1）色泽	优良饼干	表面呈乳白色至浅黄色，起泡处颜色略深，底部金黄色	20~25
	次质饼干	色彩稍深或稍浅，分布不太均匀	15~20
	劣质饼干	表面黑暗或有阴影，发毛	10~15

续表

项目		要求	评分
（2）形状	优良饼干	片形整齐，表面无生粉	20~25
	次质饼干	有部分破碎，片形不太平整	15~20
	劣质饼干	片形不整齐，缺边、缺角严重	10~15
（3）组织结构	优良饼干	无杂质，无油污	20~25
	次质饼干	无杂质	15~20
	劣质饼干	有油污，有杂质，发霉变质	10~15
（4）气味和滋味	优良饼干	口感酥松香脆，具有曲奇饼干固有的风味，无异味	20~25
	次质饼干	食之发艮或绵软，特有的曲奇饼干味道不明显	15~20
	劣质饼干	因油脂酸败而带有哈喇味	10~15

六、注意事项

① 曲奇面团由于辅料用量很大，调粉时加水量甚少，因此一般以白砂糖为主。

② 因油脂量较大，因此不仅不能使用液态油脂，而且还要求使用固态油脂时和面的温度保持在 19~20℃，以保证面团中油脂呈凝固状态，防止面团中油脂因流散度过大而造成"走油"。

③ 在加工过程中一般不需静置和压面，调粉完毕后可直接进入成型工序。

七、思考与讨论

① 如何计算产品出品率？

② 对产品进行感官评定？

③ 分析影响产品质量的因素有哪些？

第四节　糕点的加工

实验一　桃酥的制作及质量检验

一、实验目的

① 掌握酥性糕点的起酥原理，工艺流程和制作方法。

② 了解和掌握各种原料的性质以及在桃酥中所起的作用。

③ 了解和掌握酥性糕点成品质量鉴别方法。

二、实验原理

1．概念

桃酥属于酥性面团制品。其面团是用适量的油、糖、蛋、水和其他辅料与面粉调制成的面团，缺乏弹性和韧性，属重油类产品，非常酥松。

2．面团调制原理

由于油脂界面张力很大，使其能均匀地分布于面粉颗粒表面，形成了一层油脂薄膜；在不断搅拌的条件下，油脂和面粉能较为广泛地接触，从而增加和扩大油脂和面粉的黏结性。这时的面团只是油脂紧紧依附在面粉颗粒的表面，使面粉中蛋白质不易与水形成面筋网络结构，故此面团不能充分形成面筋，面团韧性降低，可塑性增强，酥松性较好。

3．面团调制方法

将油、糖、蛋、水放入调粉机内充分搅拌，形成均匀的乳浊液后，加入膨松剂及其他辅料搅拌均匀，最后加入面粉拌匀。投料顺序：油、糖、水必须充分乳化，乳化不均匀会使面团出现发散、浸油、出筋等现象。加入面粉后，搅拌时间要短，速度要快，防止面筋形成。

三、实验设备及材料

1．实验设备

烤炉、搅拌机、打蛋机、案板、粉刷、刮刀、不锈钢盘、烤盘、排笔。

2．材料

桃酥配料见表3-20。

表 3-20　桃酥配料　　　　　　　　　　　　单位：g

材料名称	桃酥配方	广式核桃酥	京式核桃酥	千层酥配方（选做）	
				皮料配方	油酥料配方
小麦粉	1000	5000	4800	500（中筋粉）	400（低筋粉）
油脂	450（植物油）	2750（熟猪油）	2400（熟猪油）	100（植物油或黄油）	200（熟猪油）
白砂糖	450	3000	2300	75	—
鸡蛋	200	1000	450	—	—
碳酸氢铵或泡打粉	10	50	48	—	—
小苏打（碳酸氢钠）	40	20	—	—	—
核桃仁	适量	400	500	—	—
糖浆	—	1000	—	—	—
桂花	—	—	250	—	—
水	—	—	—	200	—

四、实验方法与步骤

1. 工艺流程

面团调制→成型→烘烤→冷却→成品

2. 操作技术要点

（1）面团调制

① 人工调制　将小麦粉倒在面案上或盆中，中间扒个坑，加入白糖，再加入碳酸氢铵、小苏打、油脂和鸡蛋。将油脂和鸡蛋充分搅匀，再将小麦粉调成软硬适度的面团。

② 机械调制　要首先把碳酸氢钠、碳酸氢铵、白砂糖、糖浆、鸡蛋擦匀使溶解。加入油脂、核桃仁混合，然后投入面粉拌匀。不要搓揉以免起筋渗油。

（2）成型　有将和好的面团分别切成长方条状，再顺长滚成长圆条，切成均匀小面剂进行分摘（一般以 1000g 小麦粉为基数，按配方调制的面团，可将其分成 50 块生坯）。

① 模具成型　依次将生坯放入模具内压严按实，用刀削去多余部分，磕出，即可轻轻地整齐码入烤盘（防止走形）。

② 手工成型　将小生坯揉圆后压扁，再排入烤盘中，撒上核桃仁（或黑芝麻）装饰，再刷上鸡蛋液，然后放入烤箱。也可以将分好的生坯用擀面杖擀至约 1cm 厚的大片，制成直径约 6cm 的圆饼，在饼中间按一个小坑，刷上蛋浆，放入少许核桃仁或芝麻等，再刷蛋浆，摆入烤盘。

（3）烘烤　将盛有生坯的烤盘入炉烘烤，根据桃酥块大小确定烘烤温度和时间，烘烤至饼面呈裂纹状并稍有金黄色即成熟（一般上下火在 170℃烘烤 12min 左右即可出炉）。

（4）冷却　出炉后成品应充分冷却，以防制品内部余热未尽而造成碎裂。

五、实验现象与结果

1. 实验操作标准及参考评分

见表 3-21。

表 3-21　桃酥实验操作标准及参考评分

序号	训练项目	工作内容	技能要求	评分
1	准备工作	（1）工作	能发现并解决卫生问题	5
		（2）备料	能进行原辅料预处理	5
		（3）检查工器具	检查设备运行是否正常	5
2	面糊调制	（1）配料	能按产品配方计算出原辅料实际用量	10
		（2）搅拌	能根据产品配方和工艺要求解决搅拌过程中出现的一般问题	15

续表

序号	训练项目	工作内容		技能要求	评分
3	分摘	按照一定重量将面团分成若干个生坯			15
4	置盘	（1）放置	将分好的生坯用掌心搓圆，放进烤盘。注意间距		10
		（2）按压	在每个生坯中央用手指压一小孔		10
		（3）刷浆	刷蛋浆后，粘上核桃仁，待稍干后再刷蛋浆		15
5	烘烤	控制好面火和底火，然后进炉烘烤，色泽呈金黄色即可出炉			10

2．考核要点及参考评分

桃酥的品质评定包括体积、表皮颜色、外表式样、内部颜色、香味、味道、组织结构等几个部分。一个标准的蛋糕很难达到 95 分以上，但最低不可低于 85 分。桃酥考核要点及参考评分见表 3-22，总分 100 分。

表 3-22 桃酥考核要点及参考评分

项目	要求	评分
（1）体积	烤熟的桃酥必须要膨胀至一定的程度。膨胀过大，会影响到内部组织，使桃酥多孔而过分松软；如膨胀不够，会使组织紧密，颗粒粗糙	10
（2）表皮颜色	桃酥表皮颜色是由于适当的烤炉温度和配方内糖的使用而产生的，正常的表皮颜色应是金黄色	20
（3）外表式样	桃酥成品形态要规范，外形完整，厚薄都一致，无塌陷和隆起，不歪斜	10
（4）表皮质地	良好的桃酥表皮应该薄而柔软	10
（5）内部组织	组织细密，蜂窝均匀，无大气孔，无生粉，无糖粒，无疙瘩等，无生心，富有弹性，膨松柔软	20
（6）口感	入口酥松甜香，松软可口，有纯正蛋香味，无异味	20
（7）卫生	成品内外无杂质，无污染，无病菌	10

六、注意事项

① 使用化学膨松剂时，小苏打、碳酸氢铵或泡打粉都必须用蛋液溶解后才能拌入面团中，否则烘烤后成品会出现黄斑，且带有苦味。

② 面团软硬要适中，过硬则起发膨胀差，表面裂纹不匀，规格偏小；过软则起发膨胀过大，表面裂纹太细，制品摊泻太多，规格偏大。一般冬天面团可能稍硬，可多加 25kg 左右的油来调节，不宜加水；夏天如面团过软，可适当减少油。

③ 饼坯摆上烤盘时，相互间一定要留有匀称的间距，不能小于饼坯的直径，以免在入炉烘烤受热时，饼坯向四周摊裂，互相粘连在一起，出炉时就会使整个烤盘都相互黏结，扳断分开呈一个个成品时，其外形就会残缺不齐，破坏美观。

④ 面团调好后要及时分摘，摆盘，装饰和烘烤，不宜放置过久，以防止小麦粉中蛋白质吸水胀润起筋，影响起发和酥松性。

⑤ 桃酥的特点是表面呈裂纹状的圆饼形，要使圆形的饼坯自然摊裂并形成裂纹，烘烤中炉温的控制是关键的一步。其操作方法是在 140～150℃时入炉，注意观察摊裂情况，如果摊裂较快，则适当提高炉温至 180℃，使之尽快干化板结定型；如果摊裂较慢，可关掉炉火，炉温自然下降，促使其摊裂，待饼坯摊裂至合适大小时，马上开火提高炉温定型。

七、思考与讨论

① 桃酥在烘烤过程中为什么会有油脂溢出？

② 桃酥不够酥松的原因是什么？

实验二 蛋糕的制作及质量检验

一、实验目的

① 了解和掌握清蛋糕和油蛋糕的制作原理、工艺流程和制作方法。

② 掌握物理膨松面团的调制方法和烤制、成熟方法。

③ 了解和掌握成品蛋糕质量分析与鉴别方法。

二、实验原理

1. 概念

蛋糕是以蛋、糖、小麦粉和油脂等为主要材料，通过机械的搅拌作用或疏松剂的化学作用而制得的松软可口的烘焙类制品。

2. 蛋糕制作原理

（1）乳沫蛋糕的制作原理（蛋白膨松原理） 乳沫蛋糕的制作原理是依靠蛋白的发泡性。蛋白在打蛋机的高速搅打下，蛋液卷入大量空气，形成许多被蛋白质胶体薄膜包围的气泡。随着搅打不断进行，空气的卷入量不断增加，蛋糊体积不断增加。刚开始气泡较大而透明，并呈流动状态，空气泡受高速搅打后不断分散，形成越来越多的小气泡，蛋液变成乳白色细密泡沫，并呈不流动状态。气泡越多越细密，制作的蛋糕体积越大，组织越致密，结构越疏松柔软。

（2）面糊蛋糕的制作原理（油脂膨松原理） 制作面糊蛋糕时，糖、油在进行搅拌过程中，油脂中拌入了大量空气并产生气泡。加入蛋液继续搅拌，使料液中气泡随之增多，这些气泡受热膨胀，会使蛋糕体积增大、质地松软。为使面糊类蛋糕糊在搅拌过程中能混入大量空气，应注意选用油脂，保证其可塑性、融合性和油性。

（3）蛋糕烘烤原理

① 水分 温度达 100℃时，开始汽化，蛋糕内部水分向表面扩散，由表面逐

渐蒸发出去。

② 气体　蛋糕糊内部气泡受热膨胀,使蛋糕体积膨胀,当温度达一定程度后,蛋白质凝固和淀粉吸水膨胀胶凝,使蛋糕定型。

③ 色泽和香味　当水分蒸发到一定程度和蛋糕表面温度的上升,表面发生焦糖化反应和美拉德反应,产生金黄色和特殊的蛋糕香味。

3．面糊调制方法

按其使用材料、搅拌方法及面糊性质和膨发途径,通常可分为以下几种。

（1）乳沫类蛋糕（清蛋糕、海绵蛋糕、天使蛋糕）　主要材料有蛋、糖、小麦粉,另有少量液体油,当蛋用量较少时要增加化学疏松剂以帮助面糊起发。乳沫类蛋糕膨胀主要是靠蛋在搅打过程中与空气融合,在炉内产生蒸汽压力而使蛋糕体积起发膨胀。根据蛋的用量不同,又可分为海绵类与蛋白类。使用全蛋的称为海绵蛋糕,例如瑞士蛋糕卷、西洋蛋糕杯等,若仅使用蛋白的称为天使蛋糕。

（2）面糊类蛋糕（油蛋糕）　主要材料依次为糖、油、面粉,其中油脂的用量较多,并依据其用量来决定是否需要加入化学膨松剂。其主要膨发途径是通过油脂在搅拌过程中结合拌入的空气使蛋糕在炉内膨胀。例如:日常所见的牛油蛋、提子蛋等。

三、实验设备及材料

1．实验设备

烤炉,打蛋机,称量器及台秤,烤盘用具,蛋糕模,油刷,刀具及铲刀,钢勺,不锈钢面盆,金属架,操作台,牛皮纸,打蛋扦(用于手工搅打),刷子(用于模具表面刷油和制品表面涂蛋液),擀面棍(用于擀制面团),面筛,裱花用具(裱花嘴、裱花袋、裱花架)。

2．材料

糕点配料见表 3-23。

表 3-23　糕点配料　　　　　单位:g

材料名称	清蛋糕配方	方蛋糕配方	蛋糕卷配方	生日蛋糕配方
糕点粉	1000	1000	1000	1000
白砂糖	1000	700	1000	1000
鸡蛋	1300	700	875	1400
水	200～330	600	375	330
蛋糕油	—	40	30	900
色拉油	—	—	—	170
碳酸氢铵或泡打粉	10	适量	适量	适量
牛奶香精或香兰素	10	适量	适量	适量

四、实验方法与步骤

1．工艺流程

材料准备→打蛋→拌粉→装模→焙烤→冷却→成品

2．操作技术要点

（1）清蛋糕的制作

① 打蛋　先将鸡蛋液、白砂糖加入打蛋机中，使糖粒基本溶化，低速搅拌 3min，再用高速搅打至蛋液呈稠状的乳白色，打好的鸡蛋糊成稳定的泡沫状（一般体积为原来的 2～3 倍，时间是 15～20min）。

② 拌粉　将糕点粉用 60 目以上的筛子轻轻疏松一下过筛，再将泡打粉、牛奶香精或香兰素加入混合均匀，一起撒入打好的蛋浆中，慢慢将面粉倒入蛋糊中。同时轻轻翻动蛋糊，以最轻、最少翻动次数拌至见不到生粉即可（打蛋机用慢速搅拌 1min 左右即可），理想温度为 24℃。

③ 装模　先在烤盘模具内涂上一层植物油或猪油，以防止粘模，然后轻轻将调好的蛋糊均匀注入其中，注入量为 2/3。

④ 焙烤　将装模后的烤盘放入已预热到 180～220℃ 的烤炉内，烘烤 20～40min（根据烤盘模具大小选择合适的烘烤温度和时间），至表面棕黄色即可。

⑤ 成品　计算出品率，出品率=产出质量/投入材料质量×100%。

（2）油蛋糕的制作

① 打蛋　先将鸡蛋液、白砂糖、色拉油加入打蛋机中，低速搅拌 1～5min，使糖粒基本溶化；再加入速发蛋糕油（SP）高速搅打 4～5min，至蛋液呈稠状的乳白色，打好的鸡蛋糊成稳定的"峰状"或"鸡尾状"。

② 拌粉　将称量好的水倒入和面机中缓慢搅拌 1～2min，再将过筛后的糕点粉、牛奶香精等干物料倒入搅拌缸中，慢速搅拌 1～2min，使面糊均匀一致。

③ 装模　将调好的面糊倒入裱花袋，进行注模。

④ 烘烤　采用先低温，后高温的烘烤方法，面火 220℃，底火 200℃，烘烤时间为 20～60min（根据蛋糕大小选取合适烘烤时间），成熟的蛋糕表面一般为均匀的金黄色，若为乳白色，说明未烤透；蛋糊仍粘手，说明未烤熟；不粘手即可停止。

⑤ 成品　出炉后稍冷后脱模，冷透后再包装出售。计算出品率。

五、实验现象与结果

1．实验操作标准及参考评分

见表 3-24。

表 3-24　蛋糕实验操作标准及参考评分

序号	训练项目	工作内容	技能要求	评分
1	准备工作	（1）工作	能发现并解决卫生问题	5
		（2）备料	能进行原辅料预处理	5
		（3）检查工器具	检查设备运行是否正常	5
2	面糊调制	（1）配料	能按产品配方计算出原辅料实际用量	10
		（2）搅拌	能根据产品配方和工艺要求解决搅拌过程中出现的一般问题	5
		（3）调制	能使用 5 种方法进行调制	10
3	装盘（装模）	（1）涂油	烤盘内壁涂一层薄薄的油层，方便出炉后脱模	3
		（2）垫纸	在涂过油的烤盘上垫上糕点纸托，以便出炉后脱模	2
		（3）装模	蛋糕面糊的填充量应与蛋糕烤盘模具大小相一致	10
4	烘烤	（1）烤前准备	面糊调制前应将烤炉预热	10
		（2）烤盘的摆放	烤盘尽可能放在烤炉中心部位，烤盘各边不应与烤炉壁接触	5
		（3）烤炉温度和时间控制	在烘烤过程中，要根据模具大小和糕点含糖量等不同控制烘烤温度和时间，同时要结合每个烤炉的偏火程度及时调整	10
		（4）蛋糕成熟检验	检测时可用手指轻轻按蛋糕表面，如粘手，说明未烤熟，不粘手，色泽呈金黄色，有香味喷出即可出炉	10
5	冷却	油蛋糕烤熟后，应留置在烤箱内 10min 左右，热度散去后再取出，制作好的蛋糕最好放冰箱储存。		5
6	成品	制作好的蛋糕可根据需要存放		5

2．考核要点及参考评分

蛋糕的品质评定包括体积、表皮颜色、外表式样、焙烤均匀程度、表皮质地、颗粒、内部颜色、香味、味道、组织结构等几个部分。一个标准的蛋糕很难达到 95 分以上，但最低不可低于 85 分。蛋糕考核要点及参考评分见表 3-25，总分 100 分。

表 3-25　蛋糕考核要点及参考评分

项目		要求	评分
蛋糕外部评分	（1）体积	烤熟的蛋糕必须要膨胀至一定的程度。膨胀过大，会影响到内部组织，使蛋糕多孔而分过分松软；如膨胀不够，会使组织紧密，颗粒粗糙	10
	（2）表皮颜色	蛋糕表皮颜色是由于适当的烤炉温度和配方内糖的使用而产生的，正常的表皮颜色应是棕黄色或金黄色	10

项目		要求	评分
蛋糕外部评分	（3）外表式样	蛋糕成品形态要规范，外形完整，厚薄一致，无塌陷和隆起，不歪斜	10
	（4）焙烤均匀程度	蛋糕应具有金黄的颜色，顶部稍深而四周及底部稍浅。如果出炉后的蛋糕上部黑而四周及底部呈白色，则这块蛋糕一定没有烤熟；相反，如果底部颜色太深而顶部颜色浅，则表示烘焙时所用的底火温度太高，这类蛋糕多数不会膨胀得很大，而且表皮很厚，韧性太强	10
	（5）表皮质地	良好的蛋糕表皮应该薄而柔软	10
蛋糕内部评分	（1）颗粒	蛋糕的颗粒是指断面组织的粗糙程度，焙烤后外观近似颗粒的形状。烤好后蛋糕内部的颗粒也较细小，富有弹性和柔软性	20
	（2）内部组织	组织细密，蜂窝均匀，无大气孔，无生粉，无糖粒，无疙瘩等，无生心，富有弹性，膨松柔软	10
	（3）口感	入口酥松甜香，松软可口，有纯正蛋香味，无异味	10
卫生		成品内外无杂质，无污染，无病菌	10

六、注意事项

① 鸡蛋一定要新鲜，选取新鲜的鸡蛋制得的蛋糊黏性好，持气性强，制品膨松。

② 面粉与蛋液、白糖的比例要适当。

③ 面粉和淀粉一定要过筛（60目以上）轻轻疏松一下，否则块状粉团进入蛋糊中，面粉淀粉分散不均匀，将导致成品蛋糕中有硬心。

④ 所有用具必须清洁，不宜染有油脂，也不宜用含铅质用具。否则，由于油脂的消泡作用，影响制品的膨松度，同时也要防止有盐、碱等破坏蛋白胶体稳定性的杂质掺入。

⑤ 搅拌时要边搅边拌，动作要轻，拌匀即成，不宜加水或过度搅拌，否则易生成面筋。

⑥ 搅拌要适当。蛋糊打得不充分，则充入气体不足，蛋糕胀发不够，松软度差；蛋糊打过度，则会破坏胶体，筋力被破坏，持泡能力下降，蛋糊下塌，焙烤蛋糕表面凹陷。

⑦ 加入小麦粉时要慢速搅拌，时间不能过长，否则起面筋，造成制品干硬现象发生。

⑧ 烤箱一定要事先预热好。烤箱温度不宜过高或过低。

⑨ 调好的蛋糊要及时入模烘烤，并且在操作中避免振动。防止蛋糊"跑气"现象出现。

七、思考与讨论

① 出现蛋糕面糊搅打不起的原因？

② 蛋糕在烘烤的过程中出现下陷和底部结块现象的原因及解决办法？

③ 蛋糕表面出现斑点原因？

④ 蛋糕内部组织粗糙，质地不均匀的原因？

实验三　广式月饼的制作及质量检验

一、实验目的

① 了解和掌握月饼制作的基本工艺流程和工艺技术要点。

② 掌握原辅料的处理，并能正确使用相应添加剂，并注意投料顺序，能按产品配方比例计算出所需材料的实际用量。

③ 掌握对月饼质量的分析与鉴别方法。

二、实验原理

1．概念

使用面粉等谷物粉、油、糖或糖浆调制成饼皮，包裹各种馅料，经特制月饼模具成型，经焙烤加工而成的食品（冰皮月饼除外）。

2．月饼的分类

月饼可按加工工艺、饼皮制作工艺、地方风味特色和馅料等进行分类。

（1）按加工工艺分类

① 烘烤类月饼　以烘烤为最后熟制工序的月饼。

② 熟粉成型类月饼　将米粉或面粉等预先熟制，然后制皮。

③ 其他类月饼　应用其他工艺制作的月饼。

（2）按月饼饼皮的制作工艺分类

① 糖浆皮月饼　糖浆皮月饼又名浆皮月饼、糖皮月饼，属于软皮月饼。是以小麦面粉、转化糖浆、油脂为主要材料制成饼皮，经包馅、成型、烘焙而制成的饼皮紧密、口感柔软的一类月饼。

② 水油酥皮月饼　属于酥皮月饼，是用水油面团包入油酥制成酥皮，经包馅、成型、烘烤而制成的饼皮层次分明、口感酥松、绵软的一类月饼。

③ 油糖皮月饼　油糖皮月饼是使用较多的油和较多的糖（一般约 40%左右）与小麦粉调制成饼皮，经包馅、成型、烘焙而制成的造型完整、花纹清晰的一类月饼。

④ 油酥皮月饼　油酥皮月饼是使用较多的油脂、较少的糖与小麦粉调制成饼皮，经包馅、成型、烘焙而制成的口感酥松、柔软的一类月饼。

⑤ 浆酥皮月饼　浆酥皮月饼以小麦粉、转化糖浆、油脂为主要材料调制成糖浆面团，再包入油酥制成酥皮，经包馅、成型、烘烤而皮有层次、口感酥松的一类月饼。

⑥ 奶油皮月饼　奶油皮月饼是指以小麦面粉、奶油和其他油脂、糖为主要材料制成饼皮，经包馅、成型、烘焙而制成的饼皮呈乳白色，具有浓郁奶香味的一类月饼。

⑦ 蛋调皮月饼　蛋调皮月饼是指以小麦粉、糖、鸡蛋、油脂为主要材料调制成饼皮，经包馅、成型、烘焙而制成的口感酥松，具有浓郁蛋香味的一类月饼。

⑧ 水调皮月饼　水调皮月饼是指以小麦面粉、油脂、糖为主要材料，加入较多的水调制成饼皮，经包馅、成型、烘焙而制成的一类月饼。

⑨ 冰皮月饼　冰皮月饼是指以冰皮粉或糯米粉、黏米粉、澄粉，添加砂糖、牛奶、炼乳、色拉油等为辅料，调成面糊，再放入锅中隔水蒸煮、熟透，成面糕状，出锅后再揉成表面光滑的冰皮面团，包入馅料，再经压模、成型后放入冰箱冷藏即可直接销售、食用的不用烘烤的一类月饼。

（3）按地方风味特色分类

① 广式月饼　广式月饼是以广东地区制作工艺和风味特色为代表的，使用小麦粉、转化糖浆、植物油、碱水等制成饼皮，经包馅、成型、刷蛋液、烘烤等工艺加工而成的口感柔软的月饼。

② 京式月饼　京式月饼是以北京地区制作工艺和风味特色为代表的，配料上重油、轻糖，使用提浆工艺制作糖浆皮面团，或糖、水、油、面粉制成松酥皮面团，经包馅、成型、烘烤等工艺加工而成的口味纯甜、纯咸，口感松酥或绵软，香味浓郁的月饼。

③ 苏式月饼　苏式月饼是以苏州地区制作工艺和风味特色为代表的，使用小麦粉、饴糖、食用植物油或猪油、水等制皮，小麦粉、食用植物油或猪油制酥，经制酥皮、包馅、成型、烘烤等工艺加工而成的口感松酥的月饼。

④ 其他　以其他地区制作工艺和风味特色为代表的月饼。

（4）按馅料分类

① 蓉沙类　莲蓉类、豆蓉（沙）类、栗蓉类、杂蓉类月饼。

② 果仁类　包裹以核桃仁、杏仁、橄榄仁、瓜子仁等果仁和糖为主要材料加工成馅的月饼。

③ 果蔬类　包裹以水果、蔬菜及其制品为主要材料加工成馅的月饼。

④ 肉与肉制品类　包裹馅料中添加了火腿、叉烧、香肠等肉与肉制品的月饼。

⑤ 水产制品类　包裹馅料中添加了虾米、鱼翅（水发）、鲍鱼等水产制品的月饼。

⑥ 蛋黄类　包裹馅料中添加了咸蛋黄的月饼。

⑦ 其他类　包裹馅料中添加了其他产品的月饼。

三、实验设备及材料

1. 实验设备

和面机（立式搅拌机或卧式搅拌机），面团分割机（选用），远红外线电烤炉，不锈钢操作工作台（案板），电子秤（或台秤），托盘天平，刮板，擀面杖，刷蛋液盆和刷子，各种月饼模具，烤盘，架子车，温度计，纸袋或塑料袋。

2. 材料

糖浆皮月饼皮料配方见表3-26，广式五仁月饼馅料配方见表3-27。

表 3-26　糖浆皮月饼皮料配方　　　　　　　　单位：kg

材料名称	配方 1	配方 2	实验配方
精面粉（低筋粉）	23	12	1
广式糖浆	13	9.6	0.5
植物油	7	3.6	0.26
鸡蛋	1	—	—
枧水	0.6	0.24	0.02

表 3-27　广式五仁月饼馅料配方　　　　　　　　单位：kg

材料名称	配方 1	配方 2
白砂糖	16	36
糕点粉	5	15
熟面粉	2	39
猪油	8	—
色拉油	—	19.5
香油	—	4.5
青丝玫瑰	3	6
红丝玫瑰	—	6
桂花	2	—
冬瓜条	17	—
瓜子仁	3	3
核桃仁	3	3
橄榄仁	3	—
花生仁	3	24
芝麻仁	3	6
葵花子仁	—	6
瓜条	3	1（果脯）

四、实验方法与步骤

1. 工艺流程

原、辅料称量→预处理→浆皮调制（转化糖浆的制备、饼皮制作）→分皮→包馅→成型→烘烤→冷却→包装。

2. 操作技术要点

（1）转化糖浆的制备

① 先将清水放进清洁的铜锅里，糖水比例是糖∶水＝100∶(50～60)为宜，目前许多工厂采用更为理想的蒸汽熬糖锅，可以避免砂糖结底焦化。用猛火煮沸，加入白砂糖搅动均匀至煮沸后改用中火煮。

② 待糖浆煮至 108℃，把 0.1%柠檬酸或苹果酸分次加入，温度要求 110℃；火候要求沸腾后小火慢熬（有密集气泡），用文火煮 15min，转化糖浆浓度 78%～82%，即可收火。

③ 将煮好的糖浆用漏斗过滤,放进干净的容器内，最好装在塑料桶内，可以有效防止月饼糖浆返砂。

（2）饼皮制作

① 手工和面　先放月饼专用面粉，再将糖浆、花生油和枧水倒入面粉中间，混合成面团。

② 机械和面

A．将糖浆、枧水先混合。

B．再将生油加入 A 步骤混合物内搅拌均匀，使油充分混合，搅拌成乳白色悬浮状液体。

C．面粉过筛后，将三分之二的面粉加入 B 步骤混合物内搅拌均匀、滋润。

D．再放入余下的面粉搅拌均匀（用余下的面粉调整面团的软硬程度，因此不必下完）。

E．调制成柔软适度的面团后，用保鲜袋装起来，松弛 30min 后再使用。时间不能太长，否则面团筋力增加，导致不浸油，影响产品质量。

（3）包馅

① 包月饼前准备　如果是传统手工工艺雕刻的木制模具，要浸泡 15 天以上才能使用，而且要当日用完，要当日清洗干净，烤干。如果是塑料模具，只要清洗干净就可以使用了。工业化连续生产一般用气动塑料模具，半工业化生产用手压式卡通模具，传统的用手工工艺雕刻的木制模具。

② 包馅人工配制　如果工业化生产，用饼皮自动定量机、饼馅自动定量机和自动包馅机，只要保证材料供应，传送带正常工作就可以了。但如果是半自动或手工操作就要考虑包馅人工配置。要求 1 人称量饼皮，1 人称量饼馅，2 人包月饼，

1 人敲模具月饼。简称：1 皮 1 馅 2 包 1 敲。

③ 包饼皮馅定量

A．50g 月饼　二八皮（月饼皮、馅比例 2∶8），43g 馅+12g 皮，失水率在 10%左右。三七皮（月饼皮、馅比例 3∶7），38g 馅+17g 皮。

B．125g 月饼　二八皮（月饼皮、馅比例 2∶8），110g 馅+27.5g 皮，失水率在 10%左右。三七皮（月饼皮、馅比例 3∶7），97.5g 馅+40g 皮。

④ 包饼方法　饼皮按成扁圆片，包入馅，包饼要均匀，放入模具内，用手按平压实，使月饼花纹清晰，再磕出模具，码入烤盘，表面刷水或喷水。

收口不要形成大尾巴后再压进去。那样会形成底部太厚，切面饼皮不均匀。适当使用手粉（也就是月饼专用粉），以便包馅时不粘手，使表面光滑平整。当形成后一定要将面粉扫除干净，以便提高食品的光洁度和色泽。因此要注意手粉的正确使用。

（4）成型

① 压饼要用手掌揢，但不要用手心顶，目的是为了形成月饼的底部四边平，中间鼓，这样脱去模具后，月饼坯正面平整，花纹清晰。

② 如果是用自动化气动模具生产的月饼，质量好，均匀一致。如果是手动木制的敲打模具，要注意敲打力度，这样才可以保证月饼正面的花纹清晰。

③ 月饼烤盘要擦干净，放盘间隔要大些，使用月饼均匀着色。

（5）烘烤

月饼烘烤分 2 次进行。

① 第一次烘烤

A．烤至表面微带黄色，出炉刷蛋黄液。

B．如果饼面有干粉，要注意入炉前用清水将月饼坯面喷雾，防止饼面出白点，粉白现象。

C．第一阶段烘烤目的是高温定型，要求上火 220℃，下火 200℃，烘烤 7min，铁盘导热比铝盘高，如果用铝盘烘烤月饼，下火要大些。

② 刷蛋液

A．出炉冷却后，刷蛋液 2 遍。一般用 2 个蛋黄，一个全蛋，再加少量白砂糖和水，配量不能太大，用完再配，防止蛋液变质。

B．刷蛋液要刷阳面，外圈相对刷少点，内心相对刷多点。要均匀一致。因为阳面靠月饼蛋液在烘烤时产生的美拉德化学反应，产生诱人的颜色，而阴面要靠月饼放置一段时间返油，这样月饼才有立体感。

C．蛋液不要流淌到月饼表面，会影响表面花纹。

③ 第二次烘烤　月饼烤至表面金黄色，不青墙、不塌腰。刷蛋液后入炉烤熟，上火 210℃，下火 190℃。再烤大约 10min。火大容易焦，烤不熟；火小，烘烤时

间长会开裂。烘烤时间为 15～20min，月饼中心温度在 85℃（可以用测温仪测试），月饼腰部微微起鼓，到表面金黄色出炉，即为成品。

（6）冷却与包装 月饼出炉后冷却至 50~60℃即可用密封袋装起来。应选择可降解或易回收，符合安全、卫生、环保要求的包装材料。存放 3～7 天返油后就可食用了。

五、实验现象与结果

1. 实验操作标准及参考评分

见表 3-28。

表 3-28 月饼实验操作标准及参考评分

序号	训练项目	工作内容	技能要求	评分
1	准备工作	（1）清洁工作	能发现并解决卫生问题	5
		（2）备料	能进行原辅料预处理	5
		（3）检查工器具	检查设备运行是否正常	5
2	面糊调制	（1）配料	能按产品配方计算出原辅料实际用量	5
		（2）搅拌	能根据产品配方和工艺要求解决搅拌过程中出现的具体问题	10
		（3）面皮控制	能正确调制面团的软硬度	10
3	静置	面团分割	能按不同产品要求在一定条件和规定时间内完成分割和称量	5
	包馅	（1）包馅	要求饼皮厚薄均匀，无内馅外露	15
		（2）入模（除苏式月饼外）	入模要求包口朝上，出模后包口向下，表面花纹清晰	10
4	烘烤	烘烤条件设定	能按不同产品的特点控制烘烤过程	10
5	装饰	装饰材料的使用	能用调制的多种装饰材料对产品表面进行装饰	5
6	冷却包装	（1）冷却	能正确使用冷却装置	5
		（2）包装	能控制产品冷却时间及冷却完成时的内部温度	5
7	储存	保存成品	要求保存在低温通风干燥处	5

2. 考核要点及参考评分

见表 3-29。

表 3-29 月饼考核要点及参考评分

项目	要求	评分
（1）塌斜	月饼高低平整，要端正	10
（2）坍塌	月饼不能有面火小底火大的变形现象	10
（3）露馅	月饼不得有油酥外露、表面呈粗糙感的现象	10

续表

项目	要求	评分
（4）凹缩	月饼不得有表面和侧面凹陷的现象	10
（5）跑糖	月饼不得有馅心中糖溶化渗透至饼皮，造成饼皮破损并形成糖疙瘩的现象	10
（6）青墙	月饼不得有未烤透而产生的腰部呈青色的现象	10
（7）拔腰	月饼不得有烘烤过度而产生的腰部过分凸出的变形现象	10
（8）花纹	月饼表面要花纹清晰明显	10
（9）组织	月饼内部组织要均匀一致	10
（10）回软	月饼回软要适当，及时	10

六、思考与讨论

① 饼身开裂原因？

② 饼身塌陷原因？

③ 月饼大脚原因？

④ 花纹模糊原因？

⑤ 月饼回油慢原因？

⑥ 月饼出炉后底部孔洞较大原因？

⑦ 糖水要煮到什么程度才最合适？

⑧ 月饼糖浆煮好后返砂原因？

实验四　酥性饼干的制作及质量检验

一、实验目的

① 了解和掌握酥性饼干生产原理、工艺流程和制作方法。

② 掌握酥性饼干的特性及有关食品添加剂的作用、使用方法。

二、实验原理

酥性饼干是以小麦粉、糖、油脂为主要材料，加入疏松剂、改良剂和其他辅料，经冷粉工艺调粉、辊压或不辊压、成型、烘烤制成的表面花纹多为凸花、断面结构呈多孔状组织、口感酥松或松脆的饼干。

三、实验仪器与材料

1. 实验仪器

HW50 型不锈钢和面机，小型多用饼干成型机，远红外食品烤箱，面盆，烤盘，研钵，刮刀，帆布手套，台秤，卡尺，面筛，塑料袋，塑料袋封口机，切刀，调温调湿箱，压片机，手工成型模具，擀筒，打蛋机，注浆机或挤浆布袋等。

2. 材料

小麦粉（2500g），鸡蛋（125g），水，碳酸氢钠（12.5～15g），碳酸氢铵（3.75～7.5g），油脂（350～400g），砂糖（800～850g），奶粉（125g），浓缩卵磷脂（25g），饴糖（75～100g）。

四、实验方法与步骤

1. 工艺流程

原辅材料的选择与处理→面团调制→静置→辊轧→成型→烘烤→冷却→包装→成品

2. 操作技术要点

（1）面团调制　酥性面团的配料次序对调粉操作和产品质量有很大影响，通常采用的程序如下：

卵磷脂、碳酸氢钠

   ↓

   糖→油脂→饴糖→鸡蛋→水溶液←碳酸氢铵

            ↓

        混合→筛入面粉→筛入奶料→调粉（1～2min）

调粉操作要遵循造成面筋有限胀润的原则，因此面团加水量不能太多，也不能在调粉开始以后再随便加水，否则易造成面筋过量胀润，影响质量。面团温度应在 25~30℃之间，在卧式调粉机中调 5~10min。

（2）静置　调酥性面团并不一定要采取静置措施，但当面团黏性过大、胀润度不足、影响操作时，需静置 10~15min。

（3）辊轧　现今酥性面团已不采用辊轧工艺，但是，当面团结合力过小，不能顺利操作时，采用辊轧的办法，可以得到改善。

（4）成型　酥性面团可用冲印或辊切等成型方法，模型宜采用无针孔的阴文图案花纹。在成型前面团的压延比不要超过 4：1。比例过大，易造成面团表面不光、粘辊筒、饼干僵硬等弊病。

（5）烘烤　酥性饼干易脱水，易着色，采用高温烘烤，在 300℃条件下烘烤 3.5~4.5min。

（6）冷却　在自然冷却的条件下，如室温为 25℃左右，经过 5min 以上的冷却，饼干温度可下降到 45℃以下，基本符合包装要求。

五、实验现象与结果

1. 实验操作标准及参考评分

实验操作标准及参考评分见表 3-30。

表 3-30 酥性饼干实验操作标准及参考评分

序号	训练项目	工作内容	技能要求	评分
1	准备工作	（1）原料卫生	能发现并解决卫生问题	5
		（2）备料	能进行原辅料预处理	5
		（3）检查工器具	检查设备运行是否正常	5
2	面团调制	（1）投料顺序	按照酥性饼干配方要求正常投料	10
		（2）面团调制	能根据不同产品工艺要求正常调制面团	10
3	辊轧	（1）辊轧原理	掌握各种产品面团辊轧原理	10
		（2）操作要点	掌握各种饼干的面团辊轧要点	10
4	成型	（1）成型方式	熟练掌握各种成型方式	10
		（2）成型方式选择	根据不同类型的饼干选择正确的成型方式	10
5	烘烤	熟制	根据不同类型饼干控制好烘烤时工艺参数	15
6	冷却	成品降温	掌握不同类型饼干冷却的条件和要求	5
7	包装	包装成品	按照不同类型的饼干选择合适的包装材料	5

2. 考核要点及参考评分

酥性饼干的品质评定包括色泽鉴别、形状鉴别、组织结构鉴别、气味和滋味鉴别等几个部分。酥性饼干考核要点及参考评分见表 3-31，总分 100。

表 3-31 酥性饼干考核要点及参考评分

项目		要求	评分
（1）色泽	优良饼干	表面边缘和底部呈均匀的浅黄色和金黄色，无阴影，无焦边，有油润感	20～25
	次质饼干	色泽不均匀，表面有阴影，有薄面，稍有异常颜色	15～20
	劣质饼干	表面色重，底部色重，发花（黑黄不均）	10～15
（2）形状	优良饼干	块形整齐，薄厚一致，花纹清晰，不缺角，不变形，不扭曲	20～25
	次质饼干	花纹不清晰，表面起泡，缺角，收缩，变形，但不严重	15～20
	劣质饼干	起泡，破碎严重	10～15
（3）组织结构	优良饼干	组织细腻，有细密而均匀的小气孔，用手掰易折断，无杂质	20～25
	次质饼干	组织粗糙，稍有污点	15～20
	劣质饼干	有杂质，发霉	10～15
（4）气味和滋味	优良饼干	甜味醇正，酥松香脆，无异味	20～25
	次质饼干	不酥脆	15～20
	劣质饼干	有油脂酸败味	10～15

六、注意事项

① 香精要在调制成乳浊液的后期再加入，或在投入小麦粉时加入，以便控制香味过量挥发。

② 面团调制时，夏季因气温较高，搅拌时间缩短 2～3min。面团温度要控制在 22～28℃。油脂含量高的面团，温度控制在 22～25℃。夏季气温高，可以用冰水调制面团，以降低面团温度。

③ 如面粉中湿面筋含量高于 40%时，可将油脂与面粉调成油酥式面团，然后再加入其他辅料，或者在配方中抽掉部分面粉，换入同量的淀粉。

④ 面团调制均匀即可，不可过度搅拌，防止面团起筋。

⑤ 面团调制操作完成后不必长时间静置，应立即轧片，以免起筋。

七、思考与讨论

① 饼干产生收缩变形的原因是什么?如何解决?

② 饼干粘底的原因是什么?如何解决?

③ 饼干不上色的原因是什么?如何解决?

④ 饼干冷却后依旧发软、不松脆的原因是什么?如何解决?

⑤ 饼干易碎的原因是什么? 如何解决?

第五节　膨化食品的制作

实验一　膨化小食品的制作

一、实验目的

① 了解和掌握膨化小食品的生产工艺流程和一般制作方法。

② 了解挤压式膨化机的工作原理。

二、实验原理

含有一定水分的物料，在挤压机套筒内受到螺杆的推动作用和卸料模具及套筒内节流装置（如反向螺杆）的反向阻滞作用，另外还受到来自外部的物料与螺杆、套筒内部摩擦热的加热作用，此综合作用的结果是使物料处于高达 3～8MPa 的高压和高温（一般可达 120～200℃，根据需要还可达到更高）。如此高的压力超过了挤压温度下的饱和蒸汽压，所以物料在挤压机筒内不会产生水分的沸腾和蒸发，在如此高的温度、剪切力及高压的作用下，物料呈现为熔融状态。当物料被强行挤出很小的模具口时，压力骤然降为常压，此时水分便会发生急骤的闪蒸，产生类似于"爆炸"的情况，产品随之膨胀。水分从物料中蒸发，带走了大量的热量，这样物料便在瞬间从挤压过程中的高温迅速降至80℃左右的相对低温。由于温度的降低，物料从挤压时的熔融状态而固化成型，并保持了膨胀后的形状。

三、实验设备及材料

1. 实验设备

挤压膨化机、远红外烤炉、充氮式塑料包装机、200mL烧杯、喷雾器、烤盘、搪瓷盘等。

2. 材料

膨化小食品配料见表3-32。

表 3-32　膨化小食品配料

材料名称	参考糖浆配方/g
大米粉	10000
酱油	200
白砂糖	600
味精	1
植物油	2
乳化剂	1
水	少许

四、实验方法与步骤

1. 工艺流程

材料准备→加湿→膨化→烘烤（油炸）→加味→干燥→充氮包装→成品

2. 操作技术要点

（1）原料选择　膨化小食品主要以大米、玉米等谷物为原料，原料粒度要求16～30目为宜，大米可直接膨化，玉米还需加工破碎。

（2）膨化　生产前需将喷头部件预热到150℃方可开始工作，工作时首先加入500g含水量30%的起始料外爆。随后加入正常原料进行生产，原料的供给要连续并有一定节制。

（3）烘烤　由膨化机生产出的产品为半成品，须及时进行烘烤。将产品收集于烤盘中，置入120～140℃的远红外烤炉中，烘烤2～3min。

（4）加味　烘烤后的半成品立即喷洒植物油，在65°Bx 50～70℃的混合糖浆中浸渍5～7s。

（5）干燥　浸渍的产品取出后用80℃热风干燥，即为成品。

五、思考与讨论

① 写出该膨化小食品的产品特点。

② 本产品的口味、风味如果不适合，应如何改进？

③ 试述制作膨化小食品的挤压膨化原理。

实验二 小米锅巴的制作

一、实验目的

① 了解锅巴类膨化食品的生产方法。

② 了解锅巴类膨化食品的生产设备。

二、实验原理

锅巴是近几年来出现的一种备受广大群众欢迎的休闲食品。用小米为原料制作锅巴，既可以利用小米中的营养物质，又可以达到长期食用的目的。其加工过程主要是将小米经粉碎后，再加入淀粉，经螺旋膨化机膨化后，将其中的淀粉部分糊化，再油炸制成。该产品体积膨松，口感酥，含油量低，省设备，能耗低，加工方便。

三、实验设备及材料

1. 实验设备

搅拌机、螺旋膨化机、油炸锅及包装袋热封机。

2. 原辅料配方

（1）小米锅巴原料配方 见表 3-33。

表 3-33 小米锅巴原料配方

材料名称	配方/kg
小米	90
淀粉	10
奶粉	2

（2）小米锅巴调味料配方 见表 3-34。

表 3-34 小米锅巴调味料配方   单位：%

材料名称	海鲜味	麻辣味	孜然味
味精	20	—	—
花椒粉	2	4	9
盐	78	—	60

材料名称	海鲜味	麻辣味	孜然味
辣椒粉	—	30	—
味精	—	3	—
五香粉	—	13	—
精盐	—	50	—
孜然	—	—	28
姜粉	—	—	3

四、实验方法与步骤

1. 工艺流程

小米、淀粉、奶粉材料准备→混合→加水搅拌→膨化→晾凉→切段→油炸→调味→称量→包装→成品

2. 操作技术要点

① 首先将小米磨成粉，再将原辅料按配方在搅拌机内充分混合，在混合时要边搅拌边喷水，可根据实际情况加入约30%的水。在加水时，应缓慢加入，使其混合均匀成松散的湿粉。

② 开机膨化前，先配些水分较多的米粉放入机器中，再开动机器，使湿料不膨化，容易通过出口。机器运转正常后，将混合好的物料放入螺旋膨化机内进行膨化。如果出料太膨松，说明加水量少，出来的料软、白、无弹性。如果出来的料不膨化，说明粉料中含水量多。要求出料呈半膨化状态，有弹性和熟面颜色，并有均匀小孔。

③ 将膨化出来的半成品晾几分钟，然后用刀切成所需要的长度。

④ 在油炸锅内装满油加热，当油温为 130～140℃时，放入切好的半成品，料层约厚 3cm。下锅后将料打散，几分钟后打料有声响，便可出锅。由于油温较高，在出锅前为白色，放一段时间后变成黄白色。

⑤ 当炸好后的锅巴出锅后，应趁热一边搅拌，一边加入各种调味料，使得调味料能均匀地撒在锅巴表面上。

五、思考与讨论

① 根据口味情况，调味料可根据实际情况进行调整。

② 如果从膨化机中出来的半成品不符合要求，可重新进行加工。

第四章

淀粉生产与转化实验

第一节　淀粉的物理化学性质

实验一　淀粉粒形态的观察

一、实验目的

① 掌握普通光学显微镜和偏光显微镜的使用方法；掌握光学显微镜观察淀粉的制样技术。

② 利用普通显微镜观察淀粉粒的形态结构，掌握不同种类淀粉的形态特征与颗粒大小，对淀粉颗粒的形态结构有一感性的认识。

③ 学会利用偏光显微镜观察淀粉的偏光十字。

二、实验仪器、试剂及材料

1. 实验仪器

普通显微镜、偏光显微镜、载玻片、盖玻片，接目测微计、接物测微计各一只。

2. 试剂

① NaOH 溶液。

② 1∶1 甘油水混合液。

③ 0.1%碘液（I_2-KI）。

3. 材料

玉米淀粉、小麦淀粉、大米淀粉、蚕豆淀粉、马铃薯淀粉、甘薯淀粉、木薯淀粉。

三、实验方法与步骤

1．制样

制样时要求横向观察载玻片呈银白色，厚度(1±0.1)mm，盖玻片厚度最好在(0.17±0.01)mm 范围。首先在载玻片中央放少许试样，滴 2 滴碘液（0.1% I_2-KI），盖上盖玻片，稍压赶走气泡。观察糊化状态时，应以 1∶1 的甘油水混合液代替碘液，用硅油密封盖片，避免按压后损坏试样，影响观察准确性。

2．淀粉颗粒形态观察

在一般光线下，用光学显微镜观察干淀粉颗粒是无色透明的。低度放大可以估计淀粉粒的聚合程度和纯度；中度放大可以对淀粉粒个体进行识别以及显示小淀粉粒的排列；高度放大可以研究淀粉颗粒表面的细微结构。并用接目和接物测微计来测定淀粉粒的粒径。

利用普通显微镜在较高的倍数下观察已用热水处理过的马铃薯淀粉样品，注意其层状结构和偏心轮纹。

3．淀粉颗粒膨胀和糊化状态观察

淀粉经稀碱液处理会发生溶胀、糊化现象，不同淀粉颗粒在稀碱液中溶胀和糊化的速度不同，导致淀粉颗粒糊化所需稀碱液的临界浓度存在一定差异。用显微镜观察这种差异，可以判断淀粉种类以及混合淀粉的组成成分。0.1g 淀粉，加入 1mL NaOH 溶液中，用显微镜观察到使淀粉粒溶胀破坏所需的 NaOH 浓度分别为马铃薯 0.7%，小麦 0.9%，玉米 1.0%。

4．淀粉颗粒的偏光十字

加适量淀粉样品于 1∶1（体积分数）甘油水混合液调成淀粉乳，滴于载玻片上，盖上盖玻片，置于偏光显微镜样品台上观察。

偏光显微镜的使用方法如下：

① 从镜箱中取出偏光显微镜，对照说明书检查各部件是否完整，有无破损及丢失。

② 取下目镜盖，装上 10× 目镜。

③ 打开物镜盒，把中倍及高倍（45×）物镜旋在物镜转换器上。

④ 利用反光镜调节视域至最亮（切记不可加入分析镜）。

⑤ 将实验薄片置于物台的机械台夹上，练习用低、中、高倍物镜进行调焦。

四、实验结果

① 绘出各种淀粉颗粒的形态（注意形态和大小）。

② 测出各种淀粉的大致粒径分布。

③ 绘出马铃薯淀粉的层状结构图和偏光十字。

④ 绘出糊化淀粉的颗粒的形态。

五、注意事项

1. 淀粉粒大小测定

淀粉粒大小测定是在显微镜下，通过接目测微计进行的，接目测微计是一块圆形的特别玻片，其中间刻有精确刻度（图 4-1）。测量时，将其放在目镜中的隔板上，故接目测微计不直接测量淀粉粒的大小，而是测量经显微镜放大后的物像，由于放大倍数的不同，接目测微计每格代表的长度也会随之不同。因此，在使用接目测微计前，应先利用接物测微计对接目测微计进行标定，才能确知接目测微计每格所代表的精确长度。

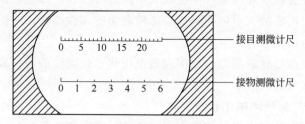

图 4-1　接目测微计与接物测微计

接物测微计是一块中间有精确刻度的载玻片（图 4-1），其刻度尺是将 1mm 长的直线等分为 100 格，每格为 10μ，专用于标定接目测微计。

2. 接目测微计的标定方法

① 将接目测微计装入目镜的隔板上，使其刻度向下。

② 把接物测微计放在载物台上，使其刻度向上。

③ 先用低倍镜，光线弱些，调好焦距，将接物测微计移至视野中央。

④ 慢慢移动接物测微计使上下两刻度尺寸上"0"刻度重叠。

⑤ 计算两刻度尺寸另外重叠刻度间的格数（图 4-2）。

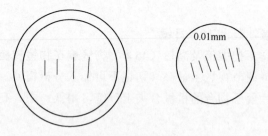

图 4-2　接目测微计与接物测微计校正时的情况

⑥ 计算接目测微计的每格长度。

$$接目测微计每格长度 = \frac{接物测微计两个重叠间格数}{接目测微计两个重叠间格数} \times 10$$

六、思考与讨论

① 不同品种的淀粉粒有什么不同？

② 接目测微计的标定注意事项？

实验二 淀粉酸度、溶解度与膨润力的测定

一、实验目的

① 掌握淀粉酸度、溶解度和膨润力的测定方法。

② 掌握淀粉在不同温度下以及不同淀粉在同一温度下溶解度及膨润力之间的差别。

二、实验原理

淀粉中酸性物质能与碱结合，可用滴定法测定其中含量，中和 100g 淀粉中的酸（干基）所需 0.1mol/L 氢氧化钠标准溶液的毫升数，即为酸度。

淀粉在水中，由于其分子中 C_1、C_2 或 C_6 位上羟基与水分子形成氢键，部分小分子淀粉将溶于水中而形成淀粉水溶液，测定溶解于水中部分淀粉质量占总的淀粉质量的百分比，即知该淀粉样品与水之间作用的能力。

三、实验仪器、试剂及材料

1. 仪器

滴定装置、离心机、铝盒、恒温水浴、50mL 量筒、烘箱、分析天平等。

2. 试剂

0.1mol/L 氢氧化钠标准溶液，1%酚酞指示液（测酸度用）。

3. 材料

淀粉。

四、实验方法与步骤

1. 淀粉酸度的测定

称取样品 10g，放入 250mL 锥形瓶中，加入中性蒸馏水 100mL，摇匀，加 1%酚酞指示液 3 滴，用 0.1mol/L 氢氧化钠标准溶液滴定至溶液刚显微红色并在 30s 内不褪色为终点，记下耗用的氢氧化钠的毫升数。

2. 淀粉溶解度与膨润力测定

① 分别称取 4 个 1g 淀粉样品于 60mL 试管中，并加水约 45mL（使其干基浓度为 2%），在一定温度下（30℃、50℃、70℃、90℃）分别搅拌 30min，然后在 3000r/min 下离心 20min。

② 分别倾出上清液于已恒重的铝盒中,并将其在 90℃水浴上蒸十,再在 105℃下烘至恒重。

③ 分别称得沉淀物质量 P_i 和上清液烘干至恒重后的质量 A_i(i 为 1~4,分别对应于 30℃、50℃、70℃、90℃时的 P 和 A 值)

五、实验结果

1. 酸度

$$酸度(°T) = \frac{VF}{1-W} \times 10$$

式中　V——滴定时耗用 0.1mol/L 氢氧化钠标准溶液的体积,mL;

W——样品含水百分率;

F——氢氧化钠标准溶液浓度换算为准确 0.1mol/L 的系数。

2. 溶解度与膨润力

$$溶解度\ S_i = (A_i/W_i) \times 100$$

$$膨润力\ B_i = P_i \times 100/W_i(100-S_i)$$

式中　W_i——样品干基质量,g;

A_i——上清液烘干至恒重后的质量,g;

P_i——沉淀物质量,g。

六、思考与讨论

① 不同温度下以及不同淀粉在同一温度下溶解度及膨润力有什么差别?

② 什么是淀粉的酸度?测定淀粉酸度的意义是什么?

实验三　淀粉糊化、老化性质的测定

一、实验目的

① 掌握旋转黏度计的结构及使用方法。

② 掌握淀粉糊化、老化性质及测定方法。

二、实验原理

将淀粉倒入冷水中,因淀粉不溶于冷水,只能混于水中,经搅拌成乳白色的不透明悬浮液即淀粉乳。将淀粉乳加热,淀粉颗粒吸水膨胀,体积可达原体积几十倍至数百倍,高度膨胀的淀粉呈颗粒状,颗粒之间相互接触摩擦,成为半透明黏稠状液体,流动性差,淀粉由乳状转变成糊状的过程,称为淀粉的糊化。

糊化的本质是高能量的热和水破坏了淀粉分子内部彼此间氢键结合,使分子混乱度增大，糊化后的淀粉-水体系表现为黏度增加。各种淀粉开始糊化的温度不同，玉米淀粉为 $64～72℃$，马铃薯淀粉为 $56～66℃$，小麦淀粉为 $58～64℃$。

在 $45.0～92.5℃$ 的温度范围内，淀粉乳随着温度的升高而逐渐糊化，通过旋转黏度计可得到黏度值，此黏度值即为当时温度下的黏度值。作出黏度值与温度曲线图，即可得到黏度的最高值及当时的温度。

淀粉的老化又称淀粉回生，是淀粉糊化后静置脱水变化的过程，淀粉回生机理见图4-3。糊化淀粉经缓慢冷却后，淀粉从溶解、分散成的无定形游离状态返回至不溶解聚集或结晶状态的现象。老化后的淀粉，即使加水加热也不溶解。这种现象的本质是，降温后由于分子热运动能量的不足，体系处于热力学非平衡状态，分子链间借氢键相互吸引与排列，使体系自由焓降低，最终形成分子链间有序排列的结晶状。

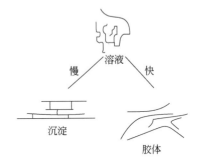

图 4-3 淀粉回生机理

三、实验仪器、试剂及材料

1. 实验仪器

（1）旋转黏度计 能通过恒速旋转，使样品产生的黏滞阻力通过反作用的扭矩表达出黏度。与仪器相连还有一个温度计，其刻度值为 $0～100℃$，并且有一个加热保温装置以保持仪器及淀粉乳液的温度在 $45.0～92.5℃$ 变化且偏差在 $±0.5℃$。旋转黏度计外形示意图见图4-4。

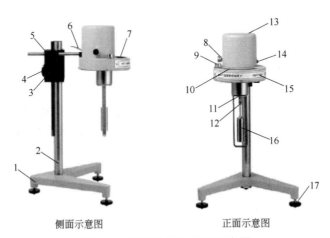

侧面示意图　　　　　　正面示意图

图 4-4 旋转黏度计外形示意图

1—支座；2—升降支架；3—夹头松紧螺钉；4—升降旋钮；5—手柄固定螺钉；6—指针控制杆（橡皮筋）；
7—指针；8—变速旋钮；9—水平泡；10—刻度盘；11—保护架或包装保护圈（黄色）；
12—轴连接杆；13—系数表；14—电源开关；15—面板；16—转子；17—调节螺钉

（2）天平　感量0.0001g。

（3）恒温水浴锅。

（4）烧杯、移液管等。

2．材料

淀粉、变性淀粉（选择一两种变性淀粉）。

四、实验方法与步骤

1．淀粉的糊化

（1）旋转黏度计的安装

① 从包装箱中取出存放箱、支架和调节螺钉三只。

② 将三只调节螺钉旋入支座的底脚。

③ 检查升降夹头的灵活性和自锁性，发现过松或过紧现象可用十字螺丝刀调整夹头松紧螺钉，使其能上下升降，一般略偏紧为宜，以防装上黏度计后产生自动坠落。

④ 打开存放箱，取出黏度计，将黏度计装入升降夹头上，用手柄固定螺钉拧紧（应尽可能水平），拿下指针控制杆上的橡皮筋，取下黏度计下端的黄色保护圈，然后取出存放箱中的保护架旋在黏度计上。

⑤ 用调节螺钉调节水平泡，保持黏度计水平。

（2）测定

① 样品处理　分别配制0.5%和10%的原淀粉和变性淀粉于四个烧杯或直筒形容器中，搅拌均匀，并把烧杯或直筒形容器置于70～80℃的水浴锅中加热糊化。

② 将保护架装在仪器上（向右旋入装上，向左旋出卸下）。

③ 将选配好的转子旋入轴连接杆（向左旋入装上，向右旋出卸下）。旋转升降旋钮，使仪器缓慢地下降，将黏度计转子置于烧杯淀粉糊内，直至转子液面标志和淀粉糊液面在同一水平线上，再精调水平。

④ 接通电源，按下指针控制杆，开启电机，转动变速旋钮，使其在选配好的转速挡上，放松指针控制杆，待指针稳定时可读数，一般需要约30秒钟。当转速在"6"或"12"挡运转时，指针稳定后可直接读数；当转速在"30"或"60"挡时，待指针稳定后按下指针控制杆，指针转至显示窗内，关闭电源进行读数。注意：按指针控制杆时，不能用力过猛。可在空转时练习掌握。

⑤ 当指针所指的数值过高或过低时，可变换转子和转速，务使读数在30～90格之间为佳。

2．淀粉的老化

把糊化黏度测试后的淀粉糊冷却，形成凝胶或沉淀，观察淀粉老化现象，对比原淀粉与变性淀粉抗老化程度。

五、实验结果

① 观察淀粉糊化和老化现象，并以文字叙述。

② 以黏度值为纵坐标，温度变化为横坐标，根据所得到的数据作出黏度值与温度变化曲线。即为淀粉的糊化曲线。

六、注意事项

① 先大约估计被测液体的黏度范围，然后根据量程表选择适当的转子和转速。如测定约 3000mPa·s 左右的液体时可选用下列配合：

$$2 号转子——6r/min 或 3 号转子——30r/min$$

② 当估计不出被测液体的大致黏度时，应假定为较高的黏度，试用由小到大的转子（人小指外形，以下同此）和由慢到快的转速。原则是高黏度的液体选用小的转子和慢的转速；低黏度的液体选用大的转子和快的转速。

③ 系数　测定时，指针在刻度盘上指示的读数必须乘上系数表上的特定系数才为测得的绝对黏度（mPa·s）。

即　　　　　　　　　　　　$\eta = k \times \alpha$

式中　η——绝对黏度；

k——系数；

α——指针所指示读数（偏转角度）。

④ 量程表　见表 4-1。

表 4-1　量程表

转子	60r/min	30r/min	12r/min	6r/min
0	10mPa·s	20mPa·s	50mPa·s	100mPa·s
1	100mPa·s	200mPa·s	500mPa·s	1000mPa·s
2	500mPa·s	1000mPa·s	2500mPa·s	5000mPa·s
3	2000mPa·s	4000mPa·s	10000mPa·s	20000mPa·s
4	10000mPa·s	20000mPa·s	50000mPa·s	100000mPa·s

⑤ 系数表　见表 4-2。

表 4-2　系数表

转子	60r/min	30r/min	12r/min	6r/min
0	0.1	0.2	0.5	1
1	1	2	5	10

续表

转子	60r/min	30r/min	12r/min	6r/min
2	5	10	25	50
3	20	40	100	200
4	100	200	500	1000

七、思考与讨论

① 淀粉糊化与老化的本质分别是什么？

② 原淀粉和变性淀粉的糊化性质和老化性质有什么不同？

实验四　淀粉的热力学性质测定

一、实验目的

掌握淀粉的热力学性质及测定方法。

二、实验原理

差示扫描量热法是在程序升温下，保持待测物质与参照物温度为零，测定由于待测物相变或化学反应等引起的输给它们所需能量差与温度的关系。

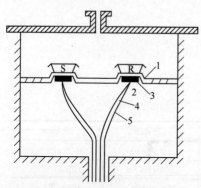

图 4-5　热流型 DSC 加热炉

1—康铜盘；2—热电偶热点；3—镍铬板；4—镍铝丝；5—镍铬丝

普通的热流型差示扫描量热仪用康铜片作为热量传递到样品和从样品传递出热量的通道，并作为测温热电偶结点的一部分。热流型差示扫描量热仪（热流型 DSC）加热炉如图 4-5 所示，该仪器的特点是利用导热性能好的康铜盘把热量传输到样品和参比物，使它们受热均匀。样品和参比的热流差通过试样和参比物平台下的热电偶进行测量。样品温度由镍铬板下的镍铬-镍铝热电偶进行测量。这种热流型 DSC 仍属差热分析（DTA）测量原理，它可定量地测定热效应，主要是该仪器在等速升温的同时还可自动改变差热放大器的放大倍数，以补偿

仪器常数 K 值随温度升高所减少的峰面积。因此，热流型 DSC 具有基线稳定、高灵敏度的优点。

在淀粉的热力学曲线（图 4-6）中，有四个特征参数，ΔH 表示热焓值，T_0 表示相变（或化学反应）的起始糊化温度，T_P 表示相变（或化学反应）的峰值糊化温度（可能有几个峰值），T_C 表示相变（或化学反应）的终止糊化温度，这些特

征参数反映了所测组分的热力学性质。DSC 已经在食品研究中得到广泛的应用。它不仅可以研究淀粉的糊化特性及淀粉糊的回生速度，而且还可以测定淀粉颗粒晶体结构相转移温度，也用于研究食品成分对淀粉性质的影响。

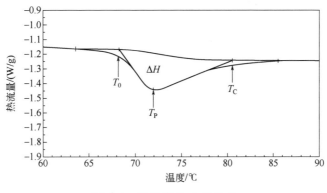

图 4-6   淀粉的热力学曲线

三、实验仪器、试剂及材料

1．仪器

差示扫描量热仪（TA Q200 型）、天平（感量 0.0001g）、冰箱、移液管、玻棒等。

2．材料

淀粉材料，如谷物淀粉和薯类淀粉。

四、实验方法与步骤

1．DSC 开机程序

① 氮气压力调到 0.1MPa，打开氮气阀。

② 打开 RCS 电源。

③ 打开 DSC 主机电源。

④ 启动计算机，检查网络连接是否正常。

⑤ 双击 TA Series explorer 图标，再双击窗口出现的 DSC 图标，进入测试程序界面。

⑥ 在菜单栏选择 Control→event→on。

在菜单栏选择 Control→go to standby temp 。

等待 右边窗口中 Flange temperature 法兰温度降至–70～–60℃时才能开始测定样品。

2．DSC 仪器校正

点击自动校正图标，按提示操作选择"下一步"进行。

（1）To 校正

① 基线校正 empty cell（样品池和参比池都不放盘）。

选择☑Tzero calibration , Cell constant and temp．calibration（炉子常数和温度校正）。

② 蓝宝石校正

红色：参比端　100.2mg。

透明：样品端　92.4mg。

（2）铟（indium）校正

Cell constant and temp．calibration

☑ Premelt

其余按"下一步"提示操作进行。

分析：Indium　熔点(156.60 ± 0.1)℃

　　　　　　吸热焓 23.93～31.9J/g。

3．样品处理

方法一：准确称取一定量的绝干样品，按样品：水=1：2 比例加入蒸馏水配成一定浓度的淀粉乳，搅拌均匀，密封，在 3～4℃冰箱内静置 24h。搅拌均匀，在万分之一天平上准确称取约 10mg 淀粉乳，放入铝盒内，密封，平衡 1h 后，上机测定。

方法二：样品事先用高精度电子天平称重，然后放入铝盘，并加入 2 倍样品质量的蒸馏水，密封，平衡 1h 后，将其放入样品炉，在参比炉内放入空铝盘做参比。

4．样品测试

① Procedure summary 选项：

　　Mode: standard

　　Test: custom

　　Pan type: Tzero Aluminum

② DSC Calibration wizard 选项：Heat flow T4（mW）。

③ 测试　按设定的程序测试完毕时自动停止，待温度降到 35℃后再测定下一个样品。淀粉的热力学曲线如图 4-6 所示。

5．DSC 关机

① 等待右边窗口中 Temperature 降低到 100℃以下后，选择 Control→event→off。

② 等待 Flange temperature 到达室温后，选择 Control→Shut down instrument（软关机），待 DSC 触摸屏出现…complete…，关闭 DSC 开关。

③ 关闭 RCS 电源。

④ 关氮气。

五、注意事项

① DSC 所记录的曲线，与差热分析（DTA）曲线有本质的差别，它不是记录温度或其派生量，而是记录为保证试样和参比样品温度恒等时所必须提供的补偿功率ΔW。因而差示扫描量热曲线是补偿功率（ΔW）与时间（t）的曲线。

② 差动加热功率起着补偿潜热效应的作用，因此，在ΔW-t曲线上转变峰的面积，原则上直接指示着潜热的大小。作为定量热分析，DSC 比 DTA 更加可靠。

③ 在整个升温过程中，可以始终保持试样恒定的升温速率，即使在试样因相变而吸热或放热时，也可以借助控温系统的补偿，使之维持这一条件。

④ 若中途停止测试，需再点击 Control→go to standby temp。

六、实验结果

观察淀粉的热力学性质变化，对差热扫描曲线进行讨论，要求理解各分析数据，说明每一步热效应产生的原因并写出实验报告

七、思考与讨论

① 差示扫描量热法测定原理是什么？

② 改变实验的升温速率，根据得到的曲线计算热焓，看看有什么现象，试解释其原因？

第二节　淀粉的提取及改性

实验一　玉米、马铃薯及小麦淀粉的提取

一、实验目的

① 了解和掌握不同植物淀粉的提取方法。

② 了解和掌握淀粉提取的原理。

二、实验原理

淀粉是植物果实、种子块根和块茎的主要成分，是食品的重要成分之一，同时又是许多工业产品的原辅料。谷类、豆类和薯类等都含有大量的淀粉，工业提取淀粉的材料主要是玉米，其次还有马铃薯、木薯等。淀粉工业采用湿磨技术，利用过滤和沉降等原理，逐步除去脂肪、蛋白质、可溶性物质及其他物质，可以提取纯度99%的淀粉产品，湿磨得到的淀粉经干燥脱水后呈白色、粉末状。

三、实验仪器、试剂及材料

1．实验仪器

恒温水浴锅、破碎机、高速破碎机、胶体磨、标准筛、离心机、鼓风干燥箱、培养皿、天平、烘箱。

2．试剂

① 0.25%H_2SO_3 溶液。

② 0.2% NaOH 溶液。

③ 碘试剂 称取 0.2g 碘化钾及 0.1g 碘溶于 100mL 蒸馏水中。

④ 酚酞试纸。

3．材料

玉米、马铃薯、小麦面粉。

四、实验方法与步骤

1．玉米淀粉的提取

淀粉是玉米的主要成分，大部分存在于玉米胚乳中，约占籽粒质量的 71%。实验室生产玉米淀粉主要采用湿磨法，玉米籽粒皮层结构紧密，通透性差，浸泡时可添加亚硫酸，打开包围在淀粉粒表面的蛋白质网膜，增加皮层通透性，提高淀粉提取率。

（1）工艺流程

玉米籽粒→清理除杂→浸泡→粗破碎→胚芽分离→细磨→过筛→离心→淀粉与蛋白分离→洗涤离心→脱水干燥→封袋保存

（2）工艺要点

① 清理除杂 将玉米籽粒中的各种杂质去掉。

② 浸泡 称取 250g 玉米籽粒，放入 1000mL 烧杯中，并加入 750mL 浓度为 0.25%的亚硫酸溶液，在恒温水浴锅中浸泡，温度为 50℃，浸泡时间为 48h。每隔 12h 换一次溶液。

③ 粗破碎 将浸泡好的玉米籽粒用水清洗两次，然后用粉碎机粗破碎成 6～8 瓣，去掉皮和胚。

④ 细磨 将去掉皮和胚的淀粉乳碎块用胶体磨细磨 2 次，得到淀粉乳浆。静置 1.5h 后，去掉上层黄色泡沫状物质。

⑤ 过筛 乳浆依次过 100 目和 200 目筛子，去除纤维。

将过筛后的淀粉悬浊液，再细磨 1 次，并过 200 目筛，直至筛上物无淀粉为止。

⑥ 离心 将粗淀粉乳进行离心，转速 3000r/min，时间为 6min，去掉表层黄

颜色的麸质。

反复用自来水洗，并多次离心，去掉上层黄色麸质，直到上层无黄色麸质为止，大约需要反复用自来水洗涤 4～5 次。

⑦ 淀粉与蛋白分离　将离心后得到的湿玉米淀粉，按着淀粉（干基）与浸泡液比例为 1∶6 加入质量浓度为 0.2%的颗粒状 NaOH 溶液，搅拌成均匀的悬浮液，置于不停振荡的恒温水浴摇床上，水浴温度为 45℃，时间 60min。

⑧ 洗涤离心　将淀粉乳液在 3000 r/min 转速下离心 6min，去掉上层混浊液。在用自来水反复洗涤并离心，直至用酚酞试纸测试不显示粉红色为止，此时的 pH 值在 6.5～7.0 之间。

⑨ 脱水干燥　先自然晾干，水分大约降至 25%左右，然后置于 40℃的鼓风干燥箱中干燥 12h。

⑩ 封袋保存　将干淀粉装入封口袋中，阴凉通风处保存。

2. 马铃薯淀粉的提取

马铃薯淀粉约占块茎干物质质量的 80%，其生产的主要任务是尽可能打破大量马铃薯块茎的细胞壁，从释放出来的淀粉颗粒中清除可溶性及不可溶性的杂质。

（1）工艺流程

马铃薯→清理除杂→洗涤、去皮→磨碎→细胞液分离→洗涤淀粉→细胞液水分离→淀粉乳精制→细渣的洗涤→淀粉乳的洗涤→脱水干燥→封袋保存

（2）工艺要点

① 清理除杂、洗涤、去皮　将各种杂质去掉，刷洗干净，然后去皮。

② 磨碎　将 500g 马铃薯切成边长为 1～1.5cm 的正方块，用破碎机进行磨碎。同时加入少许水，阻止细胞液与空气接触，氧化褐变。粗破碎后，用胶体磨细磨1～2 次，得到部分淀粉及细胞液。

③ 细胞液分离　细胞液的存在会因氧化作用导致淀粉的颜色发暗，通过离心机将细胞液与淀粉分离，转速 3000r/min，时间为 6min。分离出含淀粉的浆料与水按(1∶1)～(1∶2)的比例稀释。

④ 洗涤淀粉　淀粉乳依次过 80 目、100 目和 200 目筛子，去除粗渣滓。

⑤ 细胞液水分离　将上道工序被冲洗出来的筛下物悬浮液立即用离心机将其细胞液水分离出去。

⑥ 淀粉乳精制　将离心后浓缩淀粉乳用水稀释至干物质浓度的 12%～14%，反复进行筛洗，最后离心，去掉上层混浊液及蛋白。

⑦ 脱水干燥　将离心后的淀粉先铺平自然晾干，水分大约降至 25%左右，然后置于 40℃的鼓风干燥箱中干燥 12h，至含水 14%～15%。

⑧ 封袋保存　将干淀粉装入封口袋，阴凉通风处保存。

3．小麦淀粉的提取

小麦淀粉约占小麦质量的 65%，小麦淀粉的加工工艺取决于材料是小麦粒还是面粉。由面粉生产小麦淀粉包括马丁法、水力旋流法，而由小麦粒加工淀粉则将小麦粒用水、化学试剂进行必要的初步处理或对小麦粒进行机械作用，使麦粒破碎，提取淀粉。

本实验材料选用面粉，采用马丁法（面团法）。该法利用小麦蛋白质与水接触时膨胀形成坚固的、在紧密程度上与橡胶类似的面筋，用水洗面团时，面团中淀粉及一些水溶性蛋白、纤维被洗出，最后纯化得到小麦淀粉。

实验方法：称取面粉 200g 于烧杯中，加入约为试样 1/2（100mL）的室温清水，将其捏成均匀面团，室温放置 30min 后，将面团放在少量清水中挤捏以提取淀粉。洗至面筋中的水挤出后滴加碘试剂不呈蓝色为止。将洗出的淀粉混合物依次过 80、200 目筛，除去洗下的面筋、粗纤维和蛋白质等杂质，过筛后的淀粉乳溶液静置 30min，去除上清液中可溶性蛋白质和细纤维等杂质，最后在 3000r/min 转速下，离心 6min，去除蛋白质得到湿淀粉，脱水干燥，封袋保存。

五、实验结果

根据下式计算淀粉的提取率：

$$淀粉提取率=淀粉质量/材料质量×100\%$$

六、注意事项

淀粉提取时水浴温度不能超过 55℃，否则会因溶解度增大或淀粉糊化而减少产量。

七、思考与讨论

① 玉米淀粉、马铃薯淀粉和小麦淀粉的提取各有何特点？

② 提取淀粉过程中，除去蛋白质的原理各是什么？

实验二　变性淀粉的制备

一、实验目的

掌握羟丙基淀粉、醋酸酯淀粉、酸变性淀粉的反应原理及制备方法。

二、实验原理

普通玉米淀粉的物理特性很难适应许多食品加工需要。采用物理、化学以及生物化学方法使淀粉结构、物理性质和化学性质改变，从而制成具有特定性能和用途的产品，称为变性淀粉。变性淀粉按处理方式分为物理变性、化学变性、酶变性和复合变性；按生产工艺路线分为干法、湿法、有机溶剂法、挤压法和滚筒干燥法等。羟丙基化和醋酸酯化是食品工业常用的两种化学变性方法。

1．羟丙基淀粉的制备原理

羟丙基淀粉是一种化学变性淀粉，它是在碱性条件下将淀粉与环氧丙烷反应，在淀粉分子中引入羟丙基而生成的一种淀粉醚类化合物。该法原理是亲水性羟丙基在催化剂环氧丙烷引入作用下，可削弱淀粉分子间氢键结合的作用力，增加淀粉对水的亲和力，从而提高淀粉的特性。水分散法是生产羟丙基淀粉最广泛使用的方法。

反应机理如下（式中 St 表示淀粉）：

$$St—OH + NaOH \longrightarrow St—O—Na + H_2O$$

$$St—O^-Na^+ + CH_2—CHCH_2 \xrightarrow{OH^-} St—OCH_2CHCH_3 + NaOH$$

2．醋酸酯淀粉的制备原理

醋酸酯淀粉又称为乙酰化淀粉或醋酸酯淀粉，是酯化淀粉中最普通也是最重要的一个品种。它是淀粉与乙酰剂在碱性条件下（pH 值 7～11）反应得到的酯化淀粉，常用的乙酰剂有醋酸酐、醋酸乙烯酯和醋酸等，但一般以醋酸酐居多。反应方程式为：

$$St—OH + (CH_3CO)_2O + NaOH \longrightarrow St—O—\overset{O}{\overset{\|}{C}}—CH_3 + CH_3COONa + H_2O$$

另外，在碱性条件下可能伴随其他副反应的发生。

$$(CH_3CO)_2O + H_2O \longrightarrow 2CH_3COOH$$

$$CH_3COOH + NaOH \longrightarrow CH_3COONa + H_2O$$

$$St—O—\overset{O}{\overset{\|}{C}}—CH_3 + NaOH \longrightarrow CH_3COONa + St—OH$$

因此，一般控制 pH 值 8～10，以减少副反应的发生。

3．酸变性淀粉的制备原理

在淀粉糊化温度以下，用酸处理的产品称为酸变性淀粉。酸水解分两步进行：第一步是快速水解无定形区域的支链淀粉，第二步是水解结晶区域的直链和支链淀粉，速度较慢。酸变性淀粉的分子变小，聚合度下降，还原性增加，流度增高。

酸处理主要破坏了颗粒内非结晶区，大部分结晶区仍保持原态。但在水中加热时，与未变性淀粉的特性十分不同，它不像原淀粉那样会膨胀许多倍，而是分裂成碎片，所以酸变性淀粉的热糊黏度远低于原淀粉，并且糊化温度提前，酸变性淀粉具有较强的凝胶力和很强的吸水性，其淀粉糊相当透明。酸变性淀粉在热水中溶散，冷却时形成半固体凝胶，稳定、富弹性和韧性，可用于制造软糖、食品黏合剂与稳定剂。

三、实验仪器、试剂及材料

1. 实验仪器

天平、恒温水浴锅、磁力搅拌器、烘箱、平皿、pH 计、真空抽滤装置、电动搅拌器。

2. 试剂

30%氢氧化钠溶液、26%氯化钠溶液、环氧丙烷、1mol/L 盐酸、95%乙醇、32%盐酸、10%纯碱溶液、3%NaOH 溶液、醋酸酐、0.5mol/LHCl。

3. 材料

淀粉。

四、实验方法与步骤

1. 羟丙基淀粉的制备

准确称取 100g 绝干淀粉，加入 250g 蒸馏水，调成一定浓度的淀粉乳，然后在搅拌条件下将 5g 质量浓度为 30%的氢氧化钠溶液和 35g 26%氯化钠溶液加入淀粉乳中。待 10mL 环氧丙烷加入后，将反应容器密封并置于水浴锅内，在磁力搅拌器搅拌下，于 18℃反应 0.5h，然后在 40℃条件下反应 24h。反应完毕，用 1mol/L 盐酸将反应物中和至 pH5.5，在 2000r/min 下离心 5min。用蒸馏水洗 2 次，然后用 95%乙醇洗 1 次，离心后放入 40℃烘箱内干燥，称重，即得羟丙基淀粉。

2. 醋酸酯淀粉的制备

淀粉 162g（干基）置于 400mL 烧杯中，加入 220mL 水，25℃搅拌得到均匀淀粉乳，保持不断搅拌，滴入 3%NaOH 溶液调 pH 为 8.0，缓慢加入 10.2g 醋酸酐，同时加入碱液保持 pH8.0～8.4，加完醋酸酐，用 0.5mol/LHCl 调到 pH4.5，过滤，滤饼混于 150mL 水中，过滤，重复一次，干燥滤饼得取代度约 0.07 的淀粉醋酸酯。

3. 酸变性淀粉的制备

称取 50g 玉米淀粉，置于 250mL 烧杯中，搅拌下加入 60mL 水调成淀粉乳，然后置于 37℃恒温水浴锅中，加入 32%盐酸 7mL，酸水解 2h，反应结束后，加入 10%纯碱溶液，调 pH 值至 5.0，以终止淀粉的连续变性，水洗离心数次除去中和产生的盐，在 2000r/min 下离心脱水，最后将其放于 40℃烘箱内干燥，称重，即得酸变性淀粉。

五、实验结果

计算各变性淀粉的得率。实验报告内容包括目的要求、原理、方法步骤、计算结果。

六、思考与讨论

① 羟丙基淀粉、醋酸酯淀粉的制备原理各是什么？

② 酸变性淀粉制备过程中，为什么温度要控制在糊化温度以下？

③ 酸变性淀粉与原淀粉相比，热糊黏度为什么降低？

实验三　变性淀粉取代度的测定

一、实验目的

了解和掌握羟丙基淀粉和醋酸酯淀粉取代度的测定方法。

二、实验原理

羟丙基淀粉在浓硫酸中生成丙二醇，丙二醇再进一步脱水生成丙醛和丙烯醇，这两种脱水产物在浓硫酸介质中可与水合茚三酮生成紫色络合物。因此能用分光光度法在 595nm 处测其吸光度，浓度范围在 5～50μg 之间，符合朗伯-比耳定律。此法是测定丙二醇、淀粉醚中羟丙基的特效方法。

醋酸酯淀粉在强碱性条件下水解为淀粉和醋酸钠，用标准酸滴定水解后剩余的碱，从而计算出醋酸酯淀粉水解所消耗的碱量，根据公式计算出醋酸酯淀粉的取代度。

三、实验仪器、试剂及材料

1．实验仪器

分光光度计（721 型或其他型号）、天平（感量 0.0001）、25mL 具塞比色管、水浴锅、100mL 容量瓶、冰箱、电动搅拌器、具塞三角瓶、50mL 酸式滴定管。

2．试剂

① 1,2-丙二醇（A.R）。

② 硫酸（A.R，相对密度 1.84）。

③ 茚三酮溶液（3%）　称取 3g 茚三酮（A.R）于 100mL 15%的亚硫酸氢钠溶液中，溶解混匀，此溶液在室温下稳定。

④ 0.5mol/L NaOH 溶液。

⑤ 0.1mol/L NaOH 溶液。

⑥ 0.2mol/L HCl 标准溶液。

⑦ 1%酚酞指示剂。

3. 材料

羟丙基淀粉、醋酸酯淀粉。

四、实验方法与步骤

1. 羟丙基淀粉取代度的测定

（1）标准曲线的绘制　制备 1.00mg/mL 的 1,2-丙二醇标准溶液。分别吸取 1.00mL、2.00mL、3.00mL、4.00mL、5.00mL 此标准溶液于 100mL 容量瓶中，用蒸馏水稀释至刻度，得到每毫升含 1,2-丙二醇 10μg、20μg、30μg、40μg 及 50μg 的标准溶液。分别取这 5 种标准溶液 1.00mL 于 25mL 具塞比色管中，置于冷水，缓慢加入 8mL 浓硫酸，操作中应避免局部过热，以防止脱水重排产物挥发逸出。混合均匀后于 100℃ 水浴中加热 3min，立即放入冰浴中冷却。小心沿管壁加入 0.6mL 3%茚三酮溶液，立即摇匀，在 25℃ 水浴中放置 100min，再用浓硫酸稀释到刻度。倾倒混匀（注意不要振荡）。静置 5min，用 1cm 比色皿于 595nm 处，以试剂空白作参比，测定吸光度，作吸光度-浓度曲线。

（2）样品分析　分别称取 0.05～0.1g 羟丙基淀粉、原淀粉于 100mL 容量瓶中，加入 25mL 0.5mol/L H_2SO_4，100℃ 水浴中加热至试样完全溶解。冷至室温，用蒸馏水稀释至刻度。吸取 1.00mL 此溶液于 25mL 具塞比色管中，以下按标准曲线配制方法处理。以试剂做空白，在 595nm 处测其吸光度，在标准曲线上查出相应丙二醇的含量，扣除原淀粉空白，乘上换算系数 0.7763，即得羟丙基含量。

2. 醋酸酯淀粉取代度的测定

准确称取 5g（干基）试样于 250mL 具塞三角瓶中，加 50mL 蒸馏水，滴加几滴酚酞指示剂，用 0.1mol/L NaOH 调至粉红色不消失为终点，以中和其中存在的酸性物质，再加入 25mL 0.5mol/L NaOH 溶液，塞好塞子，在电动搅拌器上搅拌 60min（或振荡器上激烈振荡 30min）进行皂化反应。用少量蒸馏水冲洗塞子及三角瓶内壁，用 0.2mol/LHCl 标准溶液滴定过量碱至红色消失。记录消耗盐酸的体积，同时用 5g 原淀粉作空白实验。

五、实验结果

1. 羟丙基淀粉取代度的计算

通过下式求出摩尔取代度：

$$MS = \frac{2.84W_H}{100 - W_H}$$

式中　MS——羟丙基淀粉的摩尔取代度；

W_H——每百克羟丙基淀粉中羟丙基的含量，g；

2.84——质量分数转化成 MS 的换算系数。

2．醋酸酯淀粉取代度的计算

$$每百克样品乙酰基含量\ W_{AC}=(V_2-V_1)\times C\times 0.043\times 100/M$$

式中　V_2——空白消耗盐酸的体积，mL；

V_1——样品消耗盐酸的体积，mL；

C——盐酸标准溶液的浓度，mol/L；

M——称样量，g。

淀粉醋酸酯取代度的计算：

$$DS =162W_{AC}/(4300-42W_{AC})$$

六、思考与讨论

① 影响羟丙基淀粉和醋酸酯淀粉取代度测定的因素有哪些？

② 试思考测定变性淀粉取代度的意义。

第三节　淀粉的液化与糖化

实验一　淀粉的酶液化和酶糖化

一、实验目的

① 掌握液化酶的作用机理及淀粉的酶液化方法。

② 掌握糖化酶的作用原理及淀粉的酶糖化方法。

二、实验原理

糊化后的淀粉在 α-淀粉酶作用下水解到糊精和低聚糖程度，使淀粉糊黏度迅速下降，流动性增高，工业上称此现象为液化或糊精化。α-淀粉酶又称为液化酶。由于淀粉颗粒的结晶结构对于酶的作用抵抗力较强，淀粉酶不能直接作用于生淀粉，需要先加热淀粉乳，使淀粉糊化。

液化酶的作用机理：从淀粉内部开始分解淀粉的 α-1,4 糖苷键，不能作用于分支处的 α-1,6 糖苷键，但能越过此键继续水解其余的 α-1,4 糖苷键。因为是从淀粉内部开始作用，所以又称为内切酶。

糖化酶的作用机理：从淀粉非还原末端以葡萄糖为单位顺次分解淀粉的 α-1,4 糖苷键或 α-1,6 糖苷键。因为是从链的一端逐渐地一个个地切断为葡萄糖，所以称为外切酶。

三、实验仪器、试剂及材料

1. 实验仪器

恒温水浴锅、天平、25L 罐、小型板框过滤机压滤、烘箱、水桶、量筒、分光光度计、阿贝折光仪、滴定管、电炉、白瓷板、三角瓶。

2. 试剂

稀释的 α-淀粉酶液和糖化酶液、10%盐酸溶液、1mol/L 氢氧化钠溶液、1mol/L 氯化钠溶液、碘液试剂、1mol/L 氯化钙、pH 试纸。

3. 材料

玉米淀粉。

四、实验方法与步骤

1. 淀粉的液化

将淀粉乳调成浓度为 30%～40%的淀粉乳，用 10%的盐酸溶液调节淀粉乳的 pH 至 6.0～6.5，加入 1mol/L 氯化钙溶液调节钙离子浓度为 0.01mol/L，目的是保护 α-淀粉酶的活性。再加入约 0.1%的高温 α-淀粉酶，在搅拌条件下，先用恒温水浴锅将淀粉乳加热到 72℃左右，使淀粉糊黏度达到最大程度，保持约 15min。当黏度开始下降，温度升高到 85～90℃，在此温度下保持 30min，以达到所需的液化程度（DE 值 15%～18%），碘反应呈棕红色。然后用 10%盐酸调节 pH 到 3.0 终止液化反应。或液化结束后升温至 120℃，保持 5～8min，以凝聚蛋白质，改进过滤。在液化过程中用碘液检测水解产物的颜色反应。

取 20g（W）液化液，4℃下 8000r/min 离心 20min，弃去沉淀，并烘干上清液，称重，记为 W_1，计算液化得率。

2. 淀粉的糖化

液化结束后，迅速将料液用盐酸将 pH 调至 4.2～4.5，同时迅速降温至 60℃。加入糖化酶，60℃保温若干小时后，当用无水酒精检验无糊精存在时。将料液 pH 调至 4.8～5.0，同时，将料液加热至 80℃，保温 20min. 然后将料液温度降至 60～70℃，开始过滤。

3. 过滤

在发酵罐内将料液冷却至 60～70℃；洗净板框过滤机，装好滤布；接好板框压滤机的管道；泵料过滤；热水洗涤（60～70℃）；空气吹干；过滤结束后，洗净过滤机及有关设备。量取糖液体积，取样分析还原糖浓度。

五、实验结果

① 记录液化现象和不同液化阶段的颜色反应。

② 测定液化反应终点（碘反应）

③ 计算淀粉水解液化得率。

$$液化得率 = W_1/W \times 100\%$$

式中　W——原淀粉质量，g；

　　　W_1——液化产物质量，g。

④ 糖化终点测定（无水乙醇检验）。

⑤ 还原糖的测定　参见本节实验二　淀粉糖化液 DE 值测定。

在详细记录实验数据的基础上完成实验报告。计算淀粉转化率。

六、说明

淀粉糖化的理论收率：因为在糖化过程中，水参与了反应，故糖化的理论收率应为 111.1%。

$$(C_6H_{10}O_5)n + H_2O \longrightarrow nC_6H_{12}O_6$$

淀粉-葡萄糖转化率：淀粉-葡萄糖转化率是指 100 份淀粉中有多少份淀粉被转化为葡萄糖。

DE 值：淀粉水解产物中还原糖以葡萄糖计，占干物质的百分比称为 DE 值。用于表示淀粉水解的程度或糖化程度。

液化 DE 值与糖化 DE 值的关系：液化程度应控制适当，太低或太高均不利。原因是液化程度低，则黏度大，难操作；同时，由于液化程度低，底物分子少，水解机会少，影响糖化速度；液化程度低，易发生老化；但液化超过一定程度，则不利于糖化酶与糊精生成络合结构，影响催化效率，造成糖化液的最终 DE 值低。故应在碘试本色的前提下，液化 DE 值越低，则糖化液的最终 DE 值越高。一般液化 DE 值应控制在 12%～18%。

酶制剂用量与糖液 DE 值的关系（表 4-3）。

表 4-3　糖化时间与糖化酶用量关系表

糖化时间/h	6	8	10	16	24	32	48	72
糖化酶用量/(U/g 淀粉)	480	400	320	240	180	150	120	100

为加快糖化速度，可以提高酶用量，缩短糖化时间。但酶用量太高，反而使复合反应严重，最终导致葡萄糖值降低。在实际生产中，应充分利用糖化罐的容量，尽量延长糖化时间，减少糖化酶用量。

糖化酶参考用量：液化 DE 值 17%，淀粉乳 33%，60℃，pH4.5，酶制剂 240U/g 绝干淀粉。糖化时间 16h。

七、思考与讨论

① 影响液化酶作用效率的因素有哪些？

② 不同液化产物颜色有何差别，为什么？

③ 糖化酶用量及糖化时间对糖化效果的影响？

④ 糖化时温度及 pH 对实验结果的影响？

实验二　淀粉糖化液 DE 值测定

一、实验目的

掌握 3,5-二硝基水杨酸法测定 DE 值的基本原理、操作方法和分光光度计的使用。

二、实验原理

DE 值即是淀粉水解产物中还原糖（以葡萄糖计）占干物质的百分比。

还原糖的测定是糖定量测定的基本方法。还原糖是指含有自由醛基或酮基的糖类，单糖都是还原糖，双糖和多糖不一定是还原糖，其中乳糖和麦芽糖是还原糖，蔗糖和淀粉是非还原糖。利用糖的溶解度不同，可将植物样品中的单糖、双糖和多糖分别提取出来，对没有还原性的双糖和多糖，可用酸水解法使其降解成有还原性的单糖进行测定，再分别求出样品中还原糖和总糖的含量（还原糖以葡萄糖含量计）。

还原糖在碱性条件下加热被氧化成糖酸及其他产物，3,5-二硝基水杨酸则被还原为棕红色的 3-氨基-5-硝基水杨酸（图 4-7）。在一定范围内，还原糖的量与棕红色物质颜色的深浅成正比关系，利用分光光度计，在 540nm 波长下测定光密度值，查对标准曲线并计算，便可求出样品中还原糖的含量。

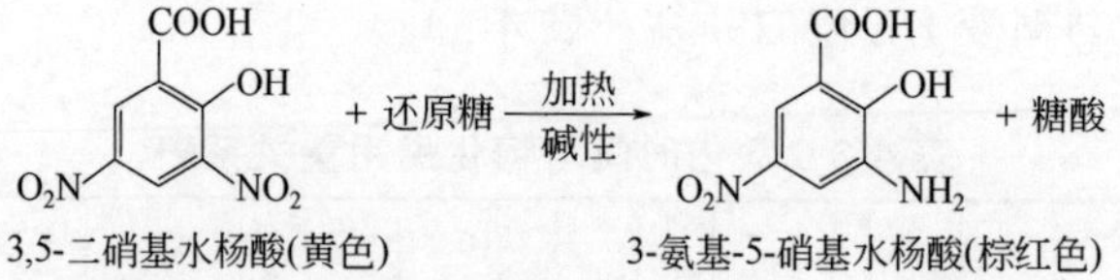

3,5-二硝基水杨酸(黄色)　　　　　3-氨基-5-硝基水杨酸(棕红色)

图 4-7　3,5-二硝基水杨酸法测定 DE 值基本原理

三、实验仪器、试剂及材料

1. 实验仪器

具塞玻璃刻度试管（20mL×11），大离心管（50mL×2），烧杯（100mL×1），三角瓶（100mL×1），容量瓶（100mL×3），刻度吸管（1mL×1，2mL×2，10mL×1），恒温水浴锅，离心机，扭力天平，分光光度计。

2．试剂

（1）1mg/mL 葡萄糖标准液　准确称取 80℃烘至恒重的分析纯葡萄糖 100mg，置于小烧杯中，加少量蒸馏水溶解后，转移到 100mL 容量瓶中，用蒸馏水定容至 100mL，混匀，4℃冰箱中保存备用。

（2）3,5-二硝基水杨酸（DNS）试剂　将 6.3g DNS 和 262mL 2mol/L NaOH 溶液，加到 500mL 含有 185g 酒石酸钾钠的热水溶液中，再加 5g 结晶酚和 5g 亚硫酸钠，搅拌溶解，冷却后加蒸馏水定容至 1000mL，储于棕色瓶中备用。

（3）碘-碘化钾溶液　称取 5g 碘和 10g 碘化钾，溶于 100mL 蒸馏水中。

（4）酚酞指示剂　称取 0.1g 酚酞，溶于 250mL 70%乙醇中。

（5）6mol/L HCl 和 6mol/L NaOH 各 100mL。

3．材料

淀粉水解产物（事先采用烘干法测干基百分含量），精密 pH 试纸。

四、实验方法与步骤

1．制作葡萄糖标准曲线

取 7 支 20mL 具塞刻度试管编号，按表 4-4 分别加入浓度为 1mg/mL 的葡萄糖标准液、蒸馏水和 3,5-二硝基水杨酸（DNS）试剂，配成不同葡萄糖含量的反应液。

表 4-4　葡萄糖标准曲线制作

管号	1mg/mL 葡萄糖标准液/mL	蒸馏水/mL	DNS/mL	葡萄糖含量/mg	光密度值
0	0	2	1.5	0	
1	0.2	1.8	1.5	0.2	
2	0.4	1.6	1.5	0.4	
3	0.6	1.4	1.5	0.6	
4	0.8	1.2	1.5	0.8	
5	1.0	1.0	1.5	1.0	
6	1.2	0.8	1.5	1.2	

将各管摇匀，在沸水浴中准确加热 5min，取出，冷却至室温，用蒸馏水定容至 20mL，加塞后颠倒混匀，在分光光度计上进行比色。调波长 540nm，用 0 号管调零点，测出 1~6 号管的光密度值。以光密度值为纵坐标，葡萄糖含量（mg）为横坐标，绘出标准曲线。

2．样品中还原糖的测定

（1）还原糖的提取　准确称取 1.00g 淀粉水解产物，放入 100mL 容量瓶中，用蒸馏水定容至刻度，混匀，将定容后的水解液过滤，作为还原糖待测液。

（2）显色和比色　取 4 支 20mL 具塞刻度试管，编号，按表 4-5 所示分别加入待测液和显色剂，空白调零可使用制作标准曲线的 0 号管。加热、定容和比色等其余操作与制作标准曲线相同。

表 4-5　样品测定

管号	还原糖待测液	蒸馏水	DNS/mL	光密度值	葡萄糖含量/mg
7	0.5	1.5	1.5		
8	0.5	1.5	1.5		
9	0.5	1.5	1.5		
10	0.5	1.5	1.5		

五、实验结果

计算出 7、8 号管光密度值的平均值和 9、10 管光密度值的平均值，在标准曲线上分别查出相应的还原糖质量，按下式计算出样品中还原糖的百分含量。

$$还原糖百分含量 = \frac{查曲线所得葡萄糖质量 \times \dfrac{提取液总体积}{测定时取用体积}}{糖化液质量 \times 糖化液干基百分含量} \times 100\%$$

六、注意事项

① 离心时对称位置的离心管必须配平。

② 标准曲线制作与样品测定应同时进行显色，并使用同一空白调零点和比色。

七、思考与讨论

① 3,5-二硝基水杨酸比色法测定还原糖的原理是什么？

② 如何正确绘制和使用标准曲线？

第五章

植物油脂提取与加工实验

第一节　植物油脂的提取与精炼

实验一　油料的感官品质分析

一、实验目的

掌握常见油料的外观、色泽、气味、滋味及杂质鉴定。

二、常见油料的感官分析

1. 大豆

（1）色泽鉴定　将大豆样品置于散射光下直接观察其皮色或脐色。优质大豆皮色和脐色呈各种大豆固有的颜色，有光泽或微光泽。劣质大豆皮色和脐色灰暗无光泽。

（2）外观鉴定　优质大豆颗粒饱满，大小均匀，未熟粒少，无杂质，无霉变。劣质大豆颗粒大小不均，未熟粒多，含杂多，有虫蛀，霉变现象。

（3）水分鉴定　大豆含水量的感官鉴定主要是用齿碎法，而且要根据不同季节而定。水分含量相同而季节不同，齿碎的感觉也不同。冬季，水分在12%以下时，齿碎后可呈4~5块；水分在12%~13%时，虽然能破碎，但不能碎成多块；水分在14%~15%时，齿碎后豆粒不破碎而形成扁状，豆粒四周裂成许多小口，牙齿的痕迹会留在豆粒上，豆粒被牙齿咬过的部分出现透明现象。夏季水分在12%以下时，豆粒能齿碎并发出响声；水分在12%以上时，齿碎时不易破碎而且没有响声。

2. 芝麻

（1）色泽鉴定　芝麻按颜色分为白芝麻、黑芝麻、黄芝麻和杂色芝麻4种，一般种皮颜色浅的比色深的含油量高。将芝麻样品置于散射光下观察，优质芝麻色泽鲜亮而纯净。劣质芝麻色泽发暗。

（2）外观鉴定　优质芝麻籽粒大而饱满、皮薄、嘴尖而小。劣质芝麻粒不饱满或萎缩，且秕粒多，嘴尖过长，虫蚀、破损、发霉等籽粒较多。

（3）气味鉴定　取少量芝麻样品放在手上，用嘴哈一口热气，立即用鼻子嗅其气味。优质芝麻具有固有的纯正香气，劣质芝麻则气味平淡，或有霉味、哈喇味等不良气味。

（4）滋味鉴定　进行芝麻滋味感官鉴定时应先漱口，然后取少量样品进行咀嚼，以品尝其滋味。优质芝麻有其固有的香味，无异味。劣质芝麻有苦味、腐败味或其他不良滋味。

（5）水分鉴定　抓一大把芝麻用力紧握，籽粒松散地从指缝中流出，手抓芝麻五指活动有沙沙响声，用拇指和食指捏芝麻，捻几下有"咯咯"响声而不破者水分小；用手插入芝麻内感觉有阻力、不滑溜，且有湿润感觉者水分大。用指甲在平板上挤芝麻有响声、有油迹者水分小；没响声、有水迹者水分大。另外，也可将芝麻由一个容器倒入另一个容器中，若发生"嚓嚓"的响声，说明水分不大；响声闷，则水分大。

（6）杂质鉴定　抓小把芝麻两手揉搓几下，将一只手倾斜使芝麻徐徐流落，以泥砂杂质留在手心及指缝中估计杂质的多少。用手插入芝麻深处，手掌五指并紧托芝麻慢慢提出估计杂质的多少。杂质与指缝平者，约占 5%左右，半指缝者占 2.5%，杂质较少者占 1%左右。

3．花生果

（1）色泽鉴定　在散射光下感官鉴定花生果的色泽时，可先对整个样品进行观察，然后剥去果荚，再观察果仁。优质花生果荚呈土黄色或白色，果仁呈各种不同品种所特有的颜色，色泽均匀一致。劣质花生果荚灰暗，果仁颜色变深，有的呈紫红色、棕褐色或黑褐色。

（2）外观鉴定　优质花生果颗粒饱满均匀，壳薄，网纹深。劣质花生果颗粒不饱满，大小不均匀，半饱果、秕果、独仁果多。

（3）气味、滋味鉴定　花生果的气味，滋味鉴定就是剥去果荚后嗅或品尝花生仁的气味和滋味。

（4）水分鉴定　抓一把花生果在耳边摇动，有"咯咯"响声，剥开生仁坚硬，种皮呈粉红色，手搓种皮容易脱落者，水分一般不超过 8%；手抓花生果捏捏发软，摇动时发闷声，食之发甜者水分超过标准。

（5）杂质鉴定　用手搅动花生果看其有无根、茎、叶、泥土块等杂质，然后用手插入花生果深处五指并紧，边抖动边托出看杂质的多少，必要时可取一些样品检验其杂质百分率。

（6）出仁率鉴定　饱满果占 50%，半饱果占 30%，秕果和独仁果占 20%者，每 500g 出仁约 300g 以上；饱满果占 60%，半饱果占 30%，秕果和独仁果占 10%者，每 500g 出仁约 325g 以上。

4．花生仁

（1）外观鉴定　优质花生仁颗粒饱满，均匀，有光泽，种皮呈粉红色，仁肉洁白。劣质花生仁无光泽，仁皮紫红，晒过的花生仁种皮暗红，水浸过的花生仁色泽发暗呈土红色，颗粒不饱满，大小不均匀，子叶瘠瘦，未熟粒较多。

（2）气味鉴定　优质花生仁具有其特有的气味，无异味，劣质花生仁则平淡无味或有霉味、哈喇味等不良气味。

（3）滋味鉴定　用牙齿咀嚼花生仁，仔细品尝其滋味，优质花生仁具有花生纯正的香味，无异味；劣质花生仁味道淡薄，有油脂酸败味、辣味、苦涩味及其他令人不愉快的滋味。

（4）水分鉴定　手抓花生仁，用力紧握感觉顶手，手搓花生仁皮易分离，手握花生仁自动下落声音清脆者，含水分 8%左右；手抓花生仁有发软感觉，手搓花生仁深处有发潮感觉者水分大。

（5）杂质鉴定　看花生仁中有无泥土、砖瓦块及果皮壳等夹杂物，必要时取样验出杂质计算百分率。

（6）不完善粒鉴定　主要看花生仁的未熟粒、生芽粒、破碎粒、虫蚀粒、生霉粒的多少，将不完善粒 1/2 折为纯质，必要时应取样挑拣计算纯质的多少。

5．油菜籽

（1）色泽鉴定　油菜籽色泽因种类不同而各有差异。从外观上看，有黑、红、黄、绿、褐几种颜色。劣质油菜籽色泽比正常油菜籽浅淡、灰暗。一般认为黑油菜籽含油量高，红、绿油菜籽次，黄油菜籽以黄色的含油量高，褐色的次之。

（2）外观鉴定　取少量油菜籽样品置于散射光下观察，优质油菜籽籽粒充实饱满，大小均匀适中，完整而皮薄，果仁呈黄白色。劣质菜籽籽粒不饱满，未熟粒多，大小不均、皮厚，果仁呈黄色。

（3）气味鉴定　取少量样品放在手上，哈一口热气直接嗅闻是否具有油菜籽固有的气味，劣质油菜籽气味平淡，有霉味、哈喇味等不良气味。

（4）滋味鉴定　漱口后取样品在口中咀嚼并细细品尝，正常油菜籽具固有的辛辣味道。劣质油菜籽有苦味、霉变味、油脂酸败味或其他不良滋味。

（5）水分鉴定　所谓"七青、八黄、九开瓣，十成皮肉两分开"，也就是说油菜籽晒到七成干时压开仁发青，八成干时压开仁发黄，九成干时压开仁分为两瓣，十成干时压开皮肉分开。在具体检验中应摸索经验。据有经验者谈，把油菜籽压开如皮仁分开，籽仁粉碎开花声音清脆者含水分 8%～9%；籽仁两瓣者含水分 9%～10%；籽仁成饼状并有油迹者含水分 12%以上。紧握油菜籽五指活动有咯咯响声，以手握油菜籽从指缝和两端流出，放手时油菜籽如散沙者，含水分在 10%以下。用手伸入油菜籽深处，有发热感觉，取出看时油菜籽带有白斑点，是水分大或发热的菜籽。

（6）杂质鉴定　用手插入油菜籽深处，取一把倾斜抖动，使油菜籽流落，观察指缝中留有土杂在半指以内者，其杂质在 2%左右。取 2kg 油菜籽用簸箕倾斜抖动使菜籽流落，将留下的土杂合并称重计算杂质百分率。

6. 棉籽

（1）外观鉴定　棉籽种类很多，有新籽、陈籽、霜前籽、霜后籽等。好棉籽饱满，棱角突起，外壳绒短，半绿色，棉籽皂白略带黑色。次棉籽均匀程度差，色泽不鲜艳，杂质较多。

（2）水分鉴定　牙咬棉籽有清脆裂壳声，而且壳内籽仁能脱壳者，含水分 10%左右；如果只有轻微裂壳声，籽仁不能脱壳者含水分 12%左右；如牙咬无响声，籽仁含水分在 13%以上。有时因棉籽干湿不均，需反复多次查看才能确定。手抓棉籽有潮湿感，手插入棉籽中冬季冰手，夏季发热，棉籽绒贴在棉籽上不能直立者，含水分在 15%左右。

（3）杂质鉴定　棉籽均匀饱满，没有烂花和干僵瓣，抓一把棉籽反复拍打几下，指缝内见有浮土者，杂质约占 2%左右，棉籽均匀，夹杂有个别烂花和僵瓣，手指缝内见浮土者，杂质约占 3%左右；棉籽干净，晚期棉籽秕粒多，僵瓣多者，杂质更多。

（4）害虫鉴定　棉籽背部一端呈红色或黄色，部分棉绒脱落并发现棉籽上有虫丝、虫粪、虫眼者是生虫棉籽。

7. 蓖麻籽

（1）外观鉴定　蓖麻籽分大粒与小粒两种。颜色又分为红花纹和黑花纹等。黑花纹含油量较高，红花纹次之。花纹黑白发亮饱满者最好．花纹黑灰色不大亮者较次，花纹灰色乌暗者最次，黄绿色且淡者为不熟粒。

（2）水分鉴定　外壳坚硬籽仁白色，两指捏时不易破碎者水分在 7%左右；籽仁肥大色黄，仁壳不易分开者水分在 10%左右。

（3）杂质鉴定　检查有无土块、砖瓦块、茎叶、皮壳等物。

（4）秕粒鉴定　抓一把蓖麻籽摇动，有响声者说明有秕粒不饱满，外壳黄褐色花纹不明显，无光泽，用指尖压有破碎者为秕粒，抓一把蓖麻籽放水盆中，浮起来的为秕粒或空粒。蓖麻籽有蓖麻碱，有毒，不能用嘴咬。

8. 茶籽

（1）外观鉴定　籽粒大而结实，呈圆形，色泽鲜而光滑，无黄霉斑点，茶仁颜色发白，仁肉润滑者质量好；颗粒瘦小、棱形籽多，剥壳看茶仁浅黄色多皱纹者质量差。

（2）水分鉴定　手抓茶籽用力摇动，有响声者为干，无响声者为湿；茶籽剥壳用手指捻外衣，籽仁外衣脱落者水分小，不脱落者水分大。

9．桐籽

（1）外观鉴定　颗粒大小均匀饱满，色泽鲜艳，籽仁呈白色者质量好；颗粒大小不整齐、颜色青黄而柔软者质量差。

（2）水分鉴定　桐籽用手压破壳，取两个桐籽仁用手紧挤分为两半，中间空隙度大者水分小；反之则水分大。

三、思考与讨论

① 大豆感官分析鉴定方法？
② 花生仁和油菜籽杂质鉴定方法？

实验二　大豆油脂的提取与含量测定

一、实验目的

掌握大豆中油脂的索氏提取方法，并通过实验学习油料的粗脂肪含量的测定方法。

二、实验原理

1．脂类概念

脂类是油、脂肪、类脂的总称。食物中的油脂主要是油和脂肪，一般把常温下是液体的称作油，而把常温下是固体的称作脂肪。脂肪所含的化学元素主要是C、H、O。脂肪是由甘油和脂肪酸组成的三酰甘油酯，其中甘油的分子比较简单，而脂肪酸的种类和长短却不相同，因此脂肪的性质和特点主要取决于脂肪酸。不同食物中的脂肪所含有的脂肪酸种类和含量不一样。自然界有 40 多种脂肪酸，因此可形成多种脂肪酸甘油三酯。脂肪酸一般由 4 个到 24 个碳原子组成。脂肪酸分三大类：饱和脂肪酸、单不饱和脂肪酸、多不饱和脂肪酸。脂肪在多数有机溶剂中溶解，但不溶解于水。

2．粗脂肪测定原理

根据脂肪能溶于乙醚等有机溶剂的特性，将试样置于连续抽提器——索氏抽提器中，用乙醚连续提取试样，经反复抽提、蒸发、冷凝、回流、抽提……循环过程，被抽提物的脂肪在下部的烧瓶中逐渐富集，直至将试样中脂肪全部收集到烧瓶中，蒸发去除乙醚，干燥后称量提取物的质量，即可测得粗脂肪的含量。

三、实验仪器、试剂及材料

1. 实验仪器

感量 0.0001g 电子天平、电热恒温箱、粉碎机、研钵、电热恒温水浴锅、有变色硅胶的干燥器、滤纸筒、磨口广口瓶、脱脂线、脱脂棉、脱脂细沙。

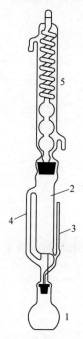

索氏抽提器：由抽提筒、烧瓶和冷凝器等部件组成，部件之间由磨口对接，见图 5-1。

烧瓶 1 为抽提液的接收器，同时也是蒸发有机溶剂的蒸发器。抽提筒 2 用于盛装被抽提试样，有机溶剂在此筒内进行抽提作用，抽提液由虹吸管 3 回流至烧瓶中，溶剂蒸气由支管 4 进入冷凝器。在冷凝器 5 中，有机溶剂的蒸气在此被冷凝为液体，回滴到抽提筒，继续进行抽提。索氏抽提器有 60mL、150mL、250mL、500mL 等规格，常用的为 60mL、150mL。测定时各部件必须洗净，用 105 ℃温度烘干，其中抽提瓶烘至恒重。

2. 试剂

无水乙醚。

3. 材料

大豆。

图 5-1　索氏抽提器

1—烧瓶；2—抽提筒；3—虹吸管；4—支管；5—冷凝器

四、实验方法与步骤

1. 样品的制备

取除去杂质的油料净试样 30～50g，磨碎通过直径 1.0mm 圆孔筛，装入磨口广口瓶内备用。

2. 操作方法

（1）试样包扎　从备用的样品中，用烘盒称取 2～5g 试样，置 105℃，烘箱中烘 30min，趁热倒入研钵中，加入约 2g 脱脂细沙，一同研磨，将试样和细沙研磨到出油状后，无损地转入滤纸筒内（筒底应先塞一层脱脂棉，并经 105℃烘 30min）。用脱脂棉蘸少量无水乙醚揩净研钵上的试样和脂肪，置于滤纸筒内，最后再在滤纸筒上口塞上一层脱脂棉。

（2）抽提与烘干　将盛有试样的滤纸筒置于抽提筒内，滤纸筒的高度不能超过抽提筒虹吸管的高度，注入无水乙醚至虹吸管高度以上，待乙醚虹吸流净后，再加入无水乙醚至虹吸管高度 2/3 处，将冷凝器与抽提筒连接好，用少许脱脂棉塞在冷凝器上口，打开连接冷凝器进水管的水龙头，开始加热抽提，加热温度使乙醚每小时回流七次以上，或每分钟由冷凝器滴入抽提筒的液滴为 120～150 滴，抽提时间一般在 8h 以上，抽提至抽提筒内的乙醚用玻璃片检查（点滴实验）无油迹为止。

抽净脂肪后，用长柄镊子取出滤纸筒，再加热，至溶剂液面接近虹吸管顶端，小心取下烧瓶，换上备用烧瓶，倾斜抽提器，使溶剂液面高于虹吸管顶端，回收溶剂，再换上抽提用烧瓶，直至烧瓶中乙醚基本蒸完，取下冷凝器、抽提筒（筒内乙醚倒入回收瓶中），加热除去烧瓶中残余乙醚，用脱脂棉蘸乙醚揩净烧瓶外部，然后置入 105℃烘箱，先烘 90min，再烘 20min，烘至恒重（前后两次质量差在0.0002g 以内，即为恒重）。烧瓶增加的质量即为粗脂肪的质量。

五、结果计算

粗脂肪湿基含量、干基含量和标准水杂质下含量分别按下列公式计算。

$$粗脂肪含量(湿基) = \frac{W_1}{W} \times 100\% \tag{1}$$

$$粗脂肪含量(干基) = \frac{W_1}{W(1-M)} \times 100\% \tag{2}$$

$$粗脂肪含量(标准水杂质下) = \frac{W_1(1-M_标)}{W(1-M)} \times 100\% \tag{3}$$

式中　W_1——粗脂肪质量，g；

　　　W——试样质量，g；

　　　M——试样水分百分率；

　　　$M_标$——试样标准水分、标准杂质之和的百分率。

双试验结果允许差：大豆不超过 0.2%，求其平均数，即为测定结果。测定结果取小数点后第一位。

六、注意事项

① 用索氏抽提器抽提试样脂肪时，应使用无水乙醚，如乙醚中含有水分，则乙醚抽提液中就会有一部分水溶性物质（如糖类），致使所测得粗脂肪含量高于实际含量。

② 如无现成的滤纸筒，可取长 28cm、宽 17cm 的滤纸，用直径 2cm 的试管，沿滤纸长方向卷成筒形，抽出试管至纸筒高的一半处，压平抽空部分，折过来，使之紧靠试管外层，用脱脂线系住，下部的折角向上折，压成圆形底部，抽出试管，即成直径 2.0cm，高约 7.5cm 的滤纸筒。

③ 拿取烧瓶时要带洁净的白纱手套，防止手上的油污附着于瓶上。

④ 试样粉碎的粒度不同，往往使粗脂肪的提取率不同，样品粉碎的粒度细，提取率高，这是因为粒度小的试样有较大的表面积。此外，油料籽粒中脂肪存在于细胞中，以油滴状分布和其他物质相互依存，用溶剂浸泡抽提，只有将籽粒结

构和细胞破坏，缩短油路，打开通路，才易于将籽粒中脂肪抽净，但是，试样也不可粉碎过细，过细微粒会穿过滤纸孔隙，进入抽提液中，使测定结果偏高。

⑤ 试样装入滤纸筒要在滤纸筒容积的 2/3 以下。试样上填塞脱脂棉是为了使乙醚渗透全部试样，以防止试样从滤纸筒中漂浮出来。

⑥ 检查有无油迹点滴实验　取 1mL 抽提液，注入小试管中，加入 0.25mL 苏丹Ⅲ乙醚饱和溶液，稍加振摇后，用滴管取染色液滴一滴在干燥洁净的玻璃片上，再在原滴位上滴 1～2 滴，将玻璃片置于酒精灯火焰上稍加烘烤，用肉眼或放大镜或显微镜观察玻璃片上有无油滴，如有脂肪，在滴位的圆圈边有红色或棕红色的明亮小油滴，否则仅有发暗的隐约可见的红色周边。初次试验可以用乙醚做空白试验对照比较。

⑦ 烧瓶放入烘箱前，必须将乙醚除尽。如有乙醚残留，放入烘箱烘干时有发生爆炸的危险。在抽提过程中室内要经常注意通风换气。

⑧ 盛抽提物的烧瓶经烘干后易吸湿，因此称量要迅速。

⑨ 反复烘干会使脂类氧化二次增重，再次复烘后质量增加时，以增重前的质量作为恒重。

七、思考与讨论

① 如何提高大豆油脂的提取率？
② 影响脂肪抽提的因素有哪些？

实验三　大豆油的脱胶

一、实验目的

掌握大豆油的水化脱胶的原理及方法。

二、实验原理

压榨法或浸出法制取的油脂中，含有的胶体杂质主要为磷脂，当油中水分很少时，其中的磷脂呈内盐状态，极性很弱，溶于油脂，当油中加入适量水后，磷脂吸水浸润，磷脂的成盐原子团便和水结合，磷脂分子结构由内盐式转变为水化式，带有较强的亲水基团，磷脂更易吸水水化，随着吸水量增加，絮凝的临界温度提高，磷脂体积膨胀，密度增加，从而自油中析出，通过适当的分离手段，便能从油中分离出来。

三、实验仪器、试剂及材料

1. 实验仪器

数显搅拌恒温电热套、搅拌器、离心机、水银温度计、电炉、天平、干燥器。

2．试剂

食盐、蒸馏水。

3．材料

过滤除杂后的浸出豆油。

四、实验方法与步骤

① 用天平称取粗油 200g 置于 500mL 的烧杯中，将其放入数显搅拌恒温电热套中，并将搅拌器的搅拌翅放进油中（搅拌器浸入油中 2/3 处）。

② 接通电源，在慢速搅拌下加热油样，根据各组所定工艺，自行确定水化温度及加水量（或电解质水溶液量）等操作条件。

工艺	温度	加水量
低温水化	20～30℃	$W=(0.5～1)X$
中温水化	60～65℃	$W=(2～3)X$
高温水化	85～95℃	$W=(3～3.5)X$

式中，X 为油中磷脂含量。

③ 加热至所定温度后，适当调快搅拌速度，将量好的水溶液（或食盐水溶液）用小滴管缓慢加入油中，保持恒定温度搅拌 20～30min。

④ 水化反应后，降低搅拌速度，促使胶体絮凝，待胶体杂质与油呈明显分离状态时，停止搅拌。

⑤ 将水化油样转入离心管，平衡后，在 4000r/min，离心 15～25min。

⑥ 取出离心管，将上层水化油移入已知重量的 500mL 烧杯中。

⑦ 将上述盛水化油的 500mL 烧杯置于电炉上，加热搅拌，进行脱水，先升温至 100℃左右，脱水 10～15min，再升温至 125℃，脱水 10min，然后置于干燥器中冷却，观察透明度，一般油冷却到 20℃以下，油样仍然保持澄清透明则为合格，确认合格后称量。

⑧ 取水化后的油样约 30g 置于 50mL 烧杯中做 280℃加热实验，需在 10～15min 内将油温升至 280℃，然后观察有无析出物。

五、结果计算

$$精炼率=\frac{净油重}{粗油重}\times100\%$$

六、思考与讨论

① 水化过程中造成乳化的原因有哪些？如何排除？

② 脱胶在油脂精炼中的作用是什么？除了脱胶之外，油脂精炼还包括哪些步骤？

第二节　植物油脂的品质

实验一　食用大豆油脂品质检验

一、实验目的

① 了解和掌握食用植物油脂主要特性的分析基本技能和方法。

② 掌握鉴别食用植物油脂品质好坏的基本检验方法。

二、实验原理

食用植物油脂品质的好坏可通过测定其酸价、碘价、过氧化值、羰基价等理化特性来判断：

1. 酸价

酸价（酸值）是指中和 1.0g 油脂所含游离脂肪酸所需氢氧化钾的毫克数。酸价是反映油脂质量的主要技术指标之一，同一种植物油酸价越高，说明其质量越差越不新鲜。测定酸价可以评定油脂品质的好坏和储藏方法是否恰当。

2. 碘价

测定碘价可以了解油脂脂肪酸的组成是否正常、有无掺杂等。最常用的是氯化碘-乙酸溶液法（韦氏法）。其原理如下：在溶剂中溶解试样并加入韦氏碘液，氯化碘则与油脂中的不饱和脂肪酸起加成反应，游离的碘可用硫代硫酸钠溶液滴定，从而计算出被测样品所吸收的氯化碘（以碘计）的质量，求出碘价。碘价大的油脂，说明其组成中不饱和脂肪酸含量高或不饱和程度高。

3. 过氧化值

检测油脂中是否存在过氧化值，以及含量的大小，即可判断油脂是否新鲜和酸败的程度。常用滴定法，其原理如下：油脂氧化过程中产生过氧化物，与碘化钾作用，生成游离碘，以硫代硫酸钠溶液滴定，计算含量。

4. 羰基价

羰基价是指每千克样品中含醛类物质的毫摩尔数。用羰基价来评价油脂中氧化产物的含量和酸败劣度的程度，具有较好的灵敏度和准确性。我国已把羰基价列为油脂的一项食品卫生检测项目。大多数国家都采用羰基价作为评价油脂氧化酸败的一项指标。常用比色法测定总羰基价，其原理如下：羰基化合物和 2,4-二硝基苯胺的反应产物，在碱性溶液中形成褐红色或酒红色，在 440nm 波长下，测定吸光度，可计算出油样中的总羰基价。

三、实验仪器、试剂及材料

1．实验仪器

250mL 碘量瓶、各种分析天平、分光光度计、10mL 具塞玻璃比色管、常用玻璃仪器。

2．试剂

（1）三氯甲烷、环己烷、冰乙酸。

（2）酚酞指示剂（10g/L） 溶解 1g 酚酞于 90mL（95%）乙醇与 10mL 水中。

（3）氢氧化钾标准溶液 0.05mol/L。

（4）碘化钾溶液（150g/L） 称取 15.0g 碘化钾，加水溶解至 100mL，储于棕色瓶中。

（5）硫代硫酸钠标准溶液（0.0020mol/L） 用 0.1mol/L 硫代硫酸钠标准溶液稀释。

（6）韦氏碘液试剂 分别在两个烧杯内称入三氯化碘 7.9g 和碘 8.9g，加入冰醋酸，稍微加热，使其溶解，冷却后将两溶液充分混合，然后加冰醋酸并定容至 1000mL。

（7）饱和碘化钾溶液 称取 14g 碘化钾，加 10mL 水溶解，必要时微热使其溶解，冷却后储于棕色瓶中。

（8）精制乙醇 取 1000mL 无水乙醇，置于 2000mL 圆底烧瓶中，加入 5g 铝粉、10g 氢氧化钾，接好标准磨口的回流冷凝管，水浴中加热回流 1h，然后用全玻璃蒸馏装置蒸馏，收集馏液。

（9）精制苯溶液 取 500mL 苯，置于 1000mL 分液漏斗中，加入 50mL 硫酸，小心振摇 5min，开始振摇时注意放气。静置分层，弃除硫酸层，再加 50mL 硫酸重复处理一次，将苯层移入另一分液漏斗，用水洗涤三次，然后经无水硫酸钠脱水，用全玻璃蒸馏装置蒸馏，收集馏液。

（10）2,4-二硝基苯肼溶液 称取 2,4-二硝基苯肼 50mg，溶于 100mL 精制苯中。

（11）三氯乙酸溶液 称取 4.3g 固体三氯乙酸，加 100mL 精制苯溶解。

（12）氢氧化钾-乙醇溶液 称取 4g 氢氧化钾，加 100mL 精制乙醇使其溶解，置冷暗处过夜，取上部澄清液使用。溶液变黄褐色则应重新配制。

（13）淀粉指示剂（10g/L）配制 称取可溶性淀粉 0.50g，加少许水，调成糊状，倒入 50mL 沸水中调匀，煮沸至透明，冷却。

（14）中性乙醚-乙醇（2+1）混合液 按乙醚-乙醇（2+1）混合，以酚酞为指示剂，用所配的 KOH 溶液中和至刚呈淡红色，且 30s 内不褪色为止。

（15）三氯甲烷-冰乙酸混合液的配制 量取 40mL 三氯甲烷，加 60mL 冰乙酸，混匀。

（16）氢氧化钾-乙醇溶液　称取 4g 氢氧化钾，加 100mL 精制乙醇使其溶解；置冷暗处过夜，取上部澄清液使用。溶液变黄褐色则应重新配制。

3．材料

食用植物油脂。

四、实验方法与步骤

1．酸价测定

（1）分析步骤　称取 3.00～5.00g 混匀的试样，置于锥形瓶中，加入 50mL 中性乙醚-乙醇混合液，振摇使油溶解，必要时可置于热水中，温热使其溶解。冷至室温，加入酚酞指示剂 2～3 滴，以氢氧化钾标准滴定溶液滴定，至初现微红色，且 0.5min 内部褪色为终点。

（2）结果计算

$$X = \frac{V \times C \times 56.11}{m}$$

式中　X——试样的酸价（以氢氧化钾计），mg/g；

　　　V——试样消耗氢氧化钾标准溶液体积，mL；

　　　C——氢氧化钾标准溶液实际浓度，mol/L；

　　　m——试样质量，g；

　56.11——与 1.0mL 氢氧化钾标准溶液 $[C_{KOH}=1.000mol/L]$ 相当的氢氧化钾毫克数。

计算结果保留两位有效数字。

2．碘价测定

（1）分析步骤　试样的量根据估计的碘价而异（碘价高，油样少；碘价低，油样多），一般在 0.25g 左右。将称好的试样放入 500mL 锥形瓶中，加入 20mL 环己烷-冰乙酸等体积混合液，溶解试样，准确加入 25.00mL 韦氏试剂，盖好塞子，摇匀后放于暗处 30min 以上（碘价低于 150g/100g 的样品，应放 1h；碘价高于 150g/100g 的样品，应放 2h）。反应时间结束后，加入 20mL 碘化钾溶液（150/L）和 150mL 水。用 0.1mol/L 硫代硫酸钠标准溶液滴定至浅黄色，加几滴淀粉指示剂继续滴定至剧烈摇动后蓝色刚好消失。在相同条件下，同时做一空白实验。

（2）结果计算

$$X = \frac{(V_2 - V_1) \times C \times 0.1269}{m} \times 100$$

式中　X——试样的碘价，g/100g；

　　　V_1——试样消耗硫代硫酸钠标准溶液的体积，mL；

V_2——空白试剂消耗硫代硫酸钠标准溶液的体积，mL；

C——硫代硫酸钠的实际浓度，mol/L；

m——试样的质量，g；

0.1269——1/2 I_2 的毫摩尔质量，g/mmol。

3. 过氧化值测定

（1）分析步骤 称取 2.00～3.00g 混匀（必要时过滤）的试样，置于 250mL 碘瓶中，加 30mL 三氯甲烷-冰乙酸混合液，使试样完全溶解。加入 1.00mL 饱和碘化钾溶液，紧密塞好瓶盖，并轻轻摇匀 0.5min，然后再暗处放置 3min。取出加 100mL 水，摇匀，立即用硫代硫酸钠标准滴定溶液（0.0020mol/L）滴定，至淡黄色时，加 1mL 淀粉指示液，继续滴定至蓝色消失为终点，用相同量三氯甲烷-冰乙酸溶液、碘化钾溶液、水，按同一方法，做试剂空白试验。

（2）结果计算

试样的过氧化值按下列公式进行计算

$$X = \frac{(V_1 - V_2) \times C \times 0.1269}{m} \times 100$$

式中 X——试样的过氧化值，mmol/kg；

V_1——试样消耗硫代硫酸钠标准滴定溶液体积，mL；

V_2——试剂空白消耗硫代硫酸钠标准滴定溶液体积，mL；

C——硫代硫酸钠标准滴定溶液的浓度，mol/L；

m——试样质量，g；

0.1269——1.00mL 硫代硫酸钠标准滴定溶液相当于碘的克数。

计算结果保留两位有效数字。

在重复性条件下获得的两次独立测定结果的绝对差值不得超过算术平均值的 10%。

4. 羰基值测定

（1）分析步骤 精密称取约 0.025～0.5g 试样，置于 25mL 容量瓶中，加苯溶解试样并稀释至刻度。吸取 5.0mL，置于 25mL 具塞试管中，加 3mL 三氯乙酸溶液及 5mL 2,4-二硝基苯肼溶液，仔细振摇混匀。在 60℃ 水浴中加热 30min，冷却后，沿试管壁慢慢加入 10mL 氢氧化钾-乙醇溶液，使成为二液层，塞好，剧烈振摇混匀，放置 10min。以 1cm 比色杯，用试剂空白调节零点，于波长 440nm 处测吸光度。

（2）结果计算

试样的羰基价按下列公式进行计算。

$$X = \frac{A}{854 \times m \times V_2 / V_1} \times 1000$$

式中　X——试样的羰基价，meq/kg；

　　　A——测定时样液吸光度；

　　　m——试样质量，g；

　　　V_1——试样稀释后的总体积，mL；

　　　V_2——测定用试样稀释液的体积，mL；

　　854——各种醛的毫克当量吸光系数的平均值；

　1000——换算系数。

结果保留三位有效数字。

（3）精密度　在重复性条件下获得的两次独立测定结果的绝对差值不得超过算术平均值的 5%。

五、实验结果

实验结果综合分析表见表 5-1。

表 5-1　实验结果综合分析表

分析项目	分析方法	分析结果	结论

六、注意事项

① 测酸价时，如样液颜色较深，可减少试样用量，或适当增加混合溶剂的用量。

② 测碘价时，光线和水分对碘化钾起作用，影响很大，要求所用仪器必须清洁、干燥，碘液试剂必须用棕色瓶盛装且放于暗处。

③ 测过氧化值时，饱和碘化钾溶液中不可存在游离碘和碘酸盐。

④ 光线会促进空气对试剂的氧化，应注意避光存放试剂。

⑤ 在过氧化值的测定中，三氯甲烷-冰乙酸的比例以及加入碘化钾后反应时间的长短及加水量的多少等对测定结果均有影响，应严格控制试样与空白试验的测定条件一致性。

⑥ 羰基价测定时，所用仪器必须洁净、干燥，所用试剂若含有干扰试验的物质时，必须控制后才能用于试验。空白试验的吸收值（在波长 440nm 处，以水对照）超过 0.20 时，表明试验所用试剂的纯度不够理想。

七、思考与讨论

① 油脂中游离脂肪酸与酸价有何关系？测定酸价时加入乙醇有何目的？

② 哪些指标可以表明油脂的特点？它们表明了油脂哪方面的特点？

③ 本实验中用了哪几种滴定法？它们各有什么特点？影响准确度和精密度有哪些因素？

实验二　油脂脂肪酸组成的测定

一、实验目的

了解气相色谱法测食用油脂肪酸组成的原理，掌握样品的前处理方法，学习食用油脂中脂肪酸组分的色谱分析技术。

二、实验原理

本实验甲酯化方法采用国标——GB/T 17376—1998，甘油酯皂化后，释出的脂肪酸在三氟化硼存在下进行酯化，然后采用填充柱或毛细管柱气相色谱法定性、定量测定得到的脂肪酸甲酯混合物，确定样品的脂肪酸组成。

样品中的脂肪酸（甘油酯）经过适当的前处理（甲酯化）后，进样，样品在汽化室被汽化，在一定的温度下，汽化的样品随载气通过色谱柱，由于样品中组分与固定相间相互用的强弱不同而被逐一分离，分离后的组分，到达检测器时经检测口的相应处理（如 FID 的火焰离子化），产生可检测的信号。根据色谱峰的保留时间定性，归一法确定不同脂肪酸的百分含量。

三、实验仪器、试剂及材料

1．实验仪器

磨口烧瓶（50mL 或 100mL），回流冷凝器（有效长度 200～300mm，具有磨口接头），脱脂沸石，移液管，通氮导管，试管（具磨口玻璃塞），分液漏斗（250mL），气相色谱仪。

2．试剂

氢氧化钠甲醇溶液（约 0.5mol/L）　将 2g 氢氧化钠溶于 100mL 无水甲醇中。

三氟化硼甲醇溶液（12%～15%，质量分数），庚烷（或己烷），重蒸石油醚（沸程 40～60℃），氯化钠的饱和水溶液，无水硫酸钠，纯脂肪酸甲酯的混合物。

3．材料

食用植物油脂。

四、实验方法与步骤

1．油脂的甲酯化

按表 5-2 选择合适的试样质量、烧瓶及试剂，不需准确称量。

表 5-2 试样质量、烧瓶及试剂

试样质量/mg	烧瓶/mL	氢氧化钠溶液/mL	三氟化硼甲醇溶液/mL	庚烷/mL
100～250	50	4	5	1～3
250～500	50	6	7	2～5
500～750	100	8	9	4～8
750～1000	100	10	12	7～10

将试样置于烧瓶中，加入适量氢氧化钠甲醇溶液及沸石，然后将冷凝管固定于烧瓶上。在水浴上回流直至油滴消失，通常需要 5～10min。用移液管从冷凝器顶部加入适量的三氟化硼甲醇溶液于沸腾的溶液里。继续煮沸 2min，经冷凝器顶部加入适量庚烷于沸腾混合物中，继续煮沸 1min，停止加热，冷却至室温后取下冷凝器。加入少量氯化钠饱和水溶液并轻摇烧瓶数次，继续加入氯化钠饱和水溶液至烧瓶颈部。吸取上层溶液（庚烷层）约 1mL 于试管中，加适量无水硫酸钠去除溶液中痕量水，即可直接取一定量注入气相色谱仪分析。

2．气相色谱分析

采用配备有分流/不分流进样器和氢火焰离子检测器（FID）的气相色谱进行分析；色谱柱：毛细管色谱柱，0.25mm(内径)×30m，内膜厚度 0.20μm；载气：N_2，流量 1.1mL/min，压力 0.5MPa；燃气：H_2，流量 38mL/min，压力 0.25MPa；助燃气：空气，流量 350mL/min，压力 0.5MPa；柱前压：20psi（1psi=6.895kPa）；分流比 50∶1；进样量 1μL；进样口温度 250℃，检测器温度 300℃；升温程序：170℃保持 2min，5℃/min 升温至 200℃保持 2min，10℃/min 升温至 230℃保持 45min。使用软件进行数据采集和分析，计算采用面积归一化法。

五、注意事项

① 三氟化硼有毒，以下操作请在通风橱里进行，玻璃器具用后，应立即用水冲洗。

② 对于气相色谱分析，试样最好取 350mg 左右，少于此量时，应确保样品具有代表性纯脂肪酸甲酯的混合物或已知油脂组成的甲酯，其组成最好与欲分析之脂肪物质相似，应注意防止多不饱和脂肪酸氧化。

③ 本法检测灵敏度高，在分析时应注意防止由于色谱柱中高沸点固定液、样品净化不完全及载气不纯等带来的污染，使其灵敏度下降。

④ 本方法采用极性色谱柱，样品处理时应尽量保证脱水彻底。

⑤ 本实验采用自动进样，序列采集，工作站在序列运行之后不再允许更改序列采集方法，所以在运行某一序列之前应确认程序编辑无误。

⑥ 为了保护毛细管柱，一定要确认升温程序在该型号色谱柱的温度允许范围内。

六、思考与讨论

① 气相色谱的原理和适用范围？

② 在对油脂的脂肪酸组成进行分析时,为什么需要先将样品中的脂肪酸进行甲酯化？

实验三　油脂中抗氧化剂含量的测定

一、实验目的

掌握油脂中抗氧化剂含量的液相色谱测定法。

二、实验原理

1. 油脂中的抗氧化剂

氧化是导致食品品质变劣的重要因素之一，特别是对于油脂或含油食品来说更是如此。氧化除使食品中重要的油脂发生酸败以外，还会使食品发生褪色、褐变、维生素破坏，从而降低食品质量和营养价值，甚至产生有害物质，引起食物中毒。为防止食用油脂酸败，产生对人体有害的物质，往往需要在其中添加抗氧化剂，但是一旦添加过量会损害人体健康。在我国的食品卫生法规中明确了各种抗氧化剂的最大使用量。目前，世界各国（地区）对各种抗氧化剂的允许使用限量基本一致。油脂中常见的抗氧化剂有没食子酸丙酯（PG）、2,4,5-三羟基苯丁酮（THBP）、叔丁基对苯二酚（TBHQ）、去甲二氢愈创木酸（NDGA）、叔丁基对羟基茴香醚（BHA），2,6-二叔丁基-4-羟甲基苯酚（Ionox-100）、没食子酸辛酯（OG），2,6-二叔丁基对甲基苯酚（BHT）、没食子酸十二酯（DG）等9种，为了达到更好的抗氧化效果，许多厂家常常添加几种不同的抗氧化剂以提高抗氧化的效果。

2. 油脂中抗氧化剂含量测定的原理

油脂样品用正己烷溶解，用乙腈提取其中的抗氧化剂。提取液经浓缩后，用异丙醇定容，用带紫外检测器的高效液相色谱仪测定，外标法定量。

三、实验仪器、试剂及材料

1. 实验仪器

电子天平、液相色谱仪（配有紫外检测器）、微量进样器（25μL）、液体混匀器、旋转真空蒸发器、具塞玻璃离心管（25mL）、胶头吸管、浓缩瓶（50mL）、滤膜（0.45μm）。

2. 试剂

（1）正己烷　分析纯，重蒸。

（2）乙腈　色谱纯。

（3）异丙醇　分析纯，重蒸。

（4）甲醇　色谱纯。

（5）乙酸　分析纯。

（6）蒸馏水　经二次蒸馏。

（7）乙腈饱和的正己烷　正己烷中加入乙腈饱和。

（8）正己烷饱和的乙腈（乙腈中加入正己烷饱和）抗氧化剂标准储备液（1mg/mL）　分别称取 9 种抗氧化剂各 50.0mg，用异丙醇-甲醇（1∶1，体积分数）溶解定容至 50mL，摇匀，0～4℃避光保存。

（9）抗氧化剂标准工作液　临用前用异丙醇-甲醇（1∶1，体积分数）稀释至适当浓度。

3. 材料

食用植物油脂。

四、实验方法与步骤

1. 实验要求

熟悉采用液相色谱法测定油脂中抗氧化剂的基本操作。

2. 操作技术要点

（1）试样预处理　称取油脂 1g（精确至 0.01g）于离心管中，加入 5mL 乙腈饱和的正己烷，在液体混匀器上快速混匀以充分溶解油样，加入 10mL 正己烷饱和的乙腈，于液体混匀器上快速混匀 1min，静置分层，用胶头吸管将乙腈层转入浓缩瓶内。如上操作再用乙腈提取两次，合并乙腈于浓缩瓶内。乙腈提取液在 40℃下，用旋转真空蒸发器浓缩至约 1mL，将浓缩液转至 5mL 刻度管中，用异丙醇定容至 2mL，经 0.45μm 滤膜过滤，供液相色谱分析。

（2）液相色谱测定

① 色谱条件

色谱柱：C18 柱，柱长 250mm，直径 4.6mm（内径），色谱柱填料颗粒直径 10μm 或相当者。

柱温：40℃。

流动相：1.5%（体积分数）乙酸-甲醇溶液（A），1.5%（体积分数）乙酸-水溶液（B）。

洗脱梯度：0～5min，流动相 A 为 30%；5～20min，流动相 A 从 30%线性增至 80%；20～30min，流动相 A 为 80%。

流速：1mL/min。

检测波长：280nm。

② 工作曲线的绘制 配制 9 种抗氧化剂的标准系列溶液 1μg/mL、10μg/mL、20μg/mL、50μg/mL、100μg/mL、200μg/mL，分别取 20μL 进行液相色谱测定，根据保留时间以各色谱峰的峰面积或峰高与其对应的抗氧化剂浓度作图，绘制标准工作曲线。

③ 样品测定 用微量进样器取 20μL 样液进行液相色谱测定，记录各色谱峰的保留时间、峰面积或峰高。

④ 结果计算和表述

$$X_i = (C_i \times V_i)/M_i$$

式中 X_i——被测抗氧化剂含量，mg/kg；

C_i——从工作曲线上查出的抗氧化剂的质量浓度，mg/L；

V_i——被测试样定容体积，mL；

M_i——称样量，g。

五、注意事项

甲醇、乙醇、乙腈都可作为抗氧化剂的提取溶剂，3 种溶剂的提取效果都不错，但是甲醇和乙醇提取的杂质太多，特别是极性弱的杂质很多，这样就会干扰 DG 和 BHT 的检测，影响最终结果的准确性。采用乙腈提取抗氧化剂，不光提取效果好，且杂质含量相对偏低，提取前先用正己烷溶解油脂会降低溶液黏度，提取效果更好。

六、思考与讨论

① 液相分析的流动相中加入 1.5%乙酸起什么作用？

② 液相色谱的原理和适用范围？

实验四 油脂中反式脂肪酸含量的测定

一、实验目的

① 掌握反式脂肪酸含量测定原理。

② 掌握脂肪酸甲酯化，气相色谱法分离顺式和反式脂肪酸甲酯的基本操作。

二、实验原理

1. 反式脂肪酸

脂肪酸是一类羧酸化合物，由碳氢组成的烃类基团连接羧基所构成。我们常提到的脂肪，就是由甘油和脂肪酸组成的三酰甘油酯。这些脂肪酸分子可以是饱和的，大多数饱和的脂肪酸室温下是固态。当链中碳原子以双键连接时，脂肪酸分子可以是不饱和的。当一个双键形成时，这个链存在两种形式：顺式（cis）和反式（trans）。大多数顺式双键形成的不饱和脂肪酸组成的油脂室温下是液态，大多数反式双键形成的不饱和脂肪酸组成的油脂室温下是固态。二十世纪八十年代，由于担心存在于动物油中的饱和脂肪酸可能会对心脏带来威胁，植物油又有高温不稳定及无法长时间储存等问题，那个年代的科学家就利用氢化的过程，将液态植物油改变为固态，反式脂肪酸从此开始被使用。为增加货架期和产品稳定性而添加氢化油的产品中都可以发现反式脂肪酸，包括薄脆饼干、焙烤食品、谷类食品、面包、快餐等。

2. 反式脂肪酸的测定原理

植物油脂在碱性条件下与甲醇进行酯交换反应，生成脂肪酸甲酯。采用气相色谱法分离顺式脂肪酸甲酯和反式脂肪酸甲酯。依据内标定量反式脂肪酸。

三、实验仪器、试剂及材料

1. 实验仪器

电子天平、气相色谱仪。

2. 试剂

盐酸（优级纯）、无水乙醇、乙醚、石油醚（60～90℃）、异辛烷（色谱纯）、一水合硫酸氢钠、无水硫酸钠、氢氧化钾-甲醇溶液（2mol/L）。

（1）十三烷酸甲酯标准品　纯度不低于 99%。内标溶液：称取适量十三烷酸甲酯，用异辛烷配制成浓度为 1mg/mL 的溶液。

（2）脂肪酸甲酯标准品　已知含量的十八烷酸甲酯、反-9-十八碳烯酸甲酯、顺-9-十八碳烯酸甲酯、反-9,12-十八碳二烯酸甲酯、顺-9,12-十八碳二烯酸甲酯、反-9,12,15-十八碳三烯酸甲酯、顺-9,12,15-十八碳三烯酸甲酯、二十烷酸甲酯、顺-11-二十碳烯酸甲酯。

（3）脂肪酸甲酯混合标准溶液Ⅰ　称取适量脂肪酸甲酯标准品（精确到 0.1mg），用异辛烷配制成每种脂肪酸甲酯含量为 0.02～0.1mg/mL 的溶液。

（4）脂肪酸甲酯混合标准溶液Ⅱ　称取适量十三烷酸甲酯、反-9-十八碳烯酸甲酯、反-9,12-十八碳二烯酸甲酯、顺-9,12,15-十八碳三烯酸甲酯各 10mg（精确到 0.1mg）于 100mL 的容量瓶中，用异辛烷定容至刻度，混合均匀。

3. 材料

食用植物油脂。

四、实验方法与步骤

1. 实验要求

熟悉脂肪酸甲酯化，采用气相色谱法分离顺式和反式脂肪酸甲酯的基本操作。

2. 操作技术要点

（1）脂肪酸甲酯的制备　称取约 60mg（精确到 0.1mg）油脂样品，置于 10mL

具塞试管中，依次加入 0.5mL、内标溶液、4mL 异辛烷、0.2mL 氢氧化钾甲醇溶液，塞紧试管塞，剧烈振摇 1～2min，至试管内混合溶液澄清。加入 1g 一水合硫酸氢钠，剧烈振摇 0.5min，静置，取上清液待测。

（2）气相色谱测定

① 色谱条件

色谱柱温度：采用程序升温法，色谱柱初温 60℃，保持 5min，然后以 5℃/min 的速度升至 165℃，1min 后以 2℃/min 的速度升至 225℃，保持 17min。

气化室温度：240℃。

检测器温度：250℃。

空气流速：300mL/min。

载气：氦气，纯度大于 99.995%，流速 1.3mL/min。

分流比：1：30。

② 相对质量校正因了的确定　吸取 1μL 脂肪酸甲酯混合标准溶液 Ⅱ 注入气相色谱仪，在上述色谱条件下确定十三烷酸甲酯、反-9-十八碳烯酸甲酯、反-9,12-十八碳二烯酸甲酯、顺-9,12,15-十八碳三烯酸甲酯各自色谱峰的位置和色谱峰面积。脂肪酸甲酯混合标准溶液 Ⅱ 色谱见图 5-2。反-9-十八碳烯酸甲酯、反-9,12-十八碳二烯酸甲酯、顺-9,12,15-十八碳三烯酸甲酯与十三烷酸甲酯相对应的质量校正因子（f_m）按下式计算：

$$f_m = \frac{m_j A_{st}}{m_{st} A_j}$$

式中，m_j 为脂肪酸甲酯混合标准液 Ⅱ 中反-9-十八烯酸甲酯、反-9,12-十八碳二烯酸甲酯或顺-9,12,15-十八碳三烯酸甲酯的质量，单位为毫克（mg）；A_{st} 为十三烷酸甲酯的色谱峰面积；m_{st} 为脂肪酸甲酯混合标准液 Ⅱ 中十三烷酸甲酯的质

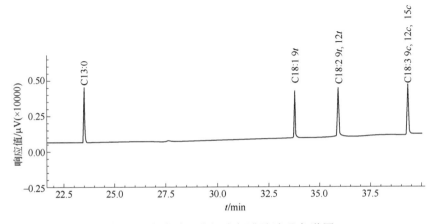

图 5-2　脂肪酸甲酯混合标准溶液 Ⅱ 色谱图

量，单位为毫克（mg）；A_j 为反-9-十八烯酸甲酯、反-9,12-十八碳二烯酸甲酯或顺-9,12,15-十八碳三烯酸甲酯的色谱峰面积。

③ 反式脂肪酸甲酯色谱峰的判断　吸取 1μL 脂肪酸甲酯混合标准溶液 I 注入气相色谱仪。在上述色谱条件下，反式十八碳一烯酸甲酯、反式十八碳二烯酸甲酯、反式十八碳三烯酸甲酯色谱峰的位置应符合图 5-3 所示。

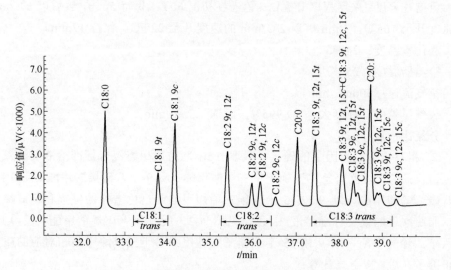

图 5-3　脂肪酸甲酯混合标准溶液 I 色谱图

④ 试样中反式脂肪酸的定量　吸取 1μL 待测试液注入气相色谱仪。在上述色谱条件下测定试液中各组分的保留时间和色谱峰面积。

某种反式脂肪酸占总脂肪的质量分数（X_i）按下式计算：

$$X_i = \frac{m_s \times A_i \times f_m \times M_{si}}{m \times A_s \times M_{ei}} \times 100\%$$

式中　m_s——加入样品中的内标物质（十三烷酸甲酯）的质量，mg；

　　　A_s——加入样品中的内标物质（十三烷酸甲酯）的色谱峰面积；

　　　A_i——成分 i 脂肪酸甲酯的色谱峰面积；

　　　m——称取脂肪的质量，mg；

　　　M_{si}——成分 i 脂肪酸的相对分子质量；

　　　M_{ei}——成分 i 脂肪酸甲酯的相对分子质量；

　　　f_m——相对质量校对因子。

脂肪中反式脂肪酸的质量分数（X_t），按下式计算

$$X_t = \sum X_i$$

五、注意事项

① 无水硫酸钠在使用前要在约 650℃灼烧 4h，降温后储于干燥器内。

② 氢氧化钾-甲醇溶液（2mol/L）采用下法配制：称取 13.1g 氢氧化钾，溶于约 80mL 甲醇中，冷却至室温，用甲醇定容至 100mL，加入约 5g 无水硫酸钠，充分搅拌后过滤，保留滤液。

六、思考与讨论

① 食品中的反式脂肪酸含量如何测定？

② 植物油脂中脂肪酸对油脂的储存稳定性有何影响？

参 考 文 献

[1] 李新华，董海洲. 粮油加工学. 北京：中国农业大学出版社，2002.

[2] 朱珠，李丽贤. 焙烤食品加工技能综合实训. 北京：化学工业出版社，2003.

[3] 曾洁，高海燕，李光磊. 月饼生产技术与配方. 北京：中国轻工业出版社，2009.

[4] 李里特. 焙烤食品工艺学. 北京：中国轻工业出版社，2000.

[5] 马涛. 糕点生产工艺与配方. 北京：化学工业出版社，2008.

[6] 刘长虹. 蒸制面食生产技术. 北京：化学工业出版社，2005.

[7] 林作楫. 食品加工与小麦品质改良. 北京：中国农业出版社. 1994.

[8] 蔺毅峰. 焙烤食品工艺学与配方. 北京：化学工业出版社，2005.

[9] 刘江汉. 焙烤工业实用手册. 北京：中国轻工业出版社，2003.

[10] 国家质量监督检验检疫总局职业技能鉴定指导中心. 食品质量检验(粮油及制品类). 北京：中国计量出版社，2005.

[11] 韩计州. 粮油及制品质量检验(方便面，膨化食品，速冻米面，淀粉及制品). 北京：中国计量出版社，2006.

[12] GB/T 22224—2008.

[13] GB/T 5506.2—2008.

[14] GB/T 5506.4—2008.

[15] GB/T 14614—2006.

[16] GB/T 15685—2011.

[17] GB/T 14615—2019.

[18] GB/T 14613—2008.

[19] GB/T 20981—2007.

[20] 李硕碧，高翔. 小麦高分子量谷蛋白亚基与加工品质. 北京：中国农业出版社，2001.

[21] 汪家政，范明. 蛋白质技术手册. 北京：科学出版社，2005.

[22] LS/T 3212—2014.

[23] LS/T 3202—1993.

[24] 蔺毅峰. 食品工艺实验与检验技术. 北京：中国轻工业出版社. 2008.